家庭宠物养护

JIATING CHONGWU YANGHU

重庆市成人教育丛书编委会 编

U0240467

重庆大学出版社

图书在版编目（CIP）数据

家庭宠物养护 / 重庆市成人教育丛书编委会编. ――

重庆：重庆大学出版社，2021.7（2021.8重印）

ISBN 978-7-5689-2853-3

Ⅰ.①家… Ⅱ.①重… Ⅲ.①家庭—宠物—驯养

Ⅳ.①TS976.38②S865.3

中国版本图书馆CIP数据核字（2021）第129660号

家庭宠物养护

重庆市成人教育丛书编委会　编

责任编辑：陈一柳　　版式设计：陈一柳

责任校对：谢　芳　责任印制：赵　晟

*

重庆大学出版社出版发行

出版人：饶帮华

社址：重庆市沙坪坝区大学城西路21号

邮编：401331

电话：（023）88617190　88617185（中小学）

传真：（023）88617186　88617166

网址：http://www.cqup.com.cn

邮箱：fxk@cqup.com.cn（营销中心）

全国新华书店经销

重庆升光电力印务有限公司印刷

*

开本：787mm×1092mm　1/16　印张：8　字数：87千

2021年7月第1版　　2021年8月第2次印刷

ISBN 978-7-5689-2853-3　定价：39.00元

老年人是国家和社会的宝贵财富，老年教育是我国教育事业和老龄事业的重要组成部分，发展老年教育是建设学习型社会、实现教育现代化、落实积极应对人口老龄化国家战略的重要举措，是满足老年人多样化学习需求、提升老年人生活品质、促进社会和谐的必然要求。

为认真贯彻落实《国务院办公厅关于印发老年教育发展规划（2016—2020 年）的通知》（国办发〔2016〕74 号）、《重庆市人民政府办公厅关于老年教育发展的实施意见》（渝府办发〔2017〕192 号）的要求，重庆市教育委员会委托重庆市教育科学研究院组织编写了"重庆市成人教育丛书"，旨在为重庆市老年教育提供一批具有重庆地方特色、符合老年人学习与发展规律的学习资源，增强老年教育的实用性、针对性和持续性。

重庆市教育科学研究院组织开发的"桑榆尚学"老年教育课程包括养生保健、文化艺术、信息技术、家政服务、社会工作、医疗护理、园艺花卉、传统工艺 8 个系列 100 余门课程，编写了《老年保健好处多》《运动让你更健康》《养生之道老年人吃什么》《一起学汉字》《一起学算术》《能说会写》《能认会算》《智慧生活好助手》《婴幼儿照护》《家庭宠物养护》《果蔬种植实用手册》《家禽养殖技术指南》《金融防诈骗》《让家人喜欢你》《老年人常见病防治》《老年日常生活料理》《养花养草自在晚年》《家庭插花艺术》《手工巧制作》19 本，具有以下特点：

一是案例来自生活。书中选用大量生活中的案例，贴近老年人生活实际，让老年人身临其境般学到自己感兴趣的知识，增加老年人的学习热情。

二是内容通俗易懂。书中内容应用性知识篇幅适当，穿插案例、提供图片，让学习过程生动活泼，让老年人愿学、爱学、乐学，在运用中学习知识、在操作中掌握技能。

三是版式设计新颖。从版式设计上，读本内容丰富、图文并茂、简洁大方，书中文体、字体、字号都符合老年人的阅读习惯和审美取向。

四是增加数字资源。后期编写的读本与时俱进，应用了现代信息技术手段，一些章节的操作技能学习中，精心制作了配套数字资源，扫描二维码即可观看操作流程，形象生动。

"重庆市成人教育丛书"既可作为老年大学和社区教学资源的补充，也可供老年人居家学习所用。在编写过程中，虽然我们本着科学严谨的态度，力求精益求精，但难免有疏漏之处，敬请广大读者批评指正。

重庆市成人教育丛书编委会

2021 年 3 月

目　录

第一部分

犬　篇

第一讲　认识犬

一、常见"迷你型"犬

"迷你型"犬又称为"超小型"犬，是指犬成年时，体重不超过 4 kg，肩高不超过 25 cm 的犬种。其代表犬种有小鹿犬、约克夏犬、吉娃娃犬、博美犬、马尔济斯犬等。

二、常见小型犬

常见小型犬是指犬成年时，体重不超过 10 kg，肩高不超过 40 cm 的犬种。此类犬性格开朗、外貌俊朗，代表犬种有北京狮子犬、巴哥犬、标准雪纳瑞犬、威尔士柯基犬、标准贵宾犬、比熊犬等。

三、常见中型犬

常见中型犬是指犬成年时，体重在 11 ~ 30 kg，肩高在 41 ~ 60 cm 的犬种。此类犬天性活泼，活动范围较广，其中部分犬种勇猛善斗，可用作猎犬。其代表犬种有沙皮犬、松狮犬、斗牛犬、史宾格犬等。

四、常见大型犬

常见大型犬是指犬成年时，体重在 30 ~ 40 kg，肩高在

60 ～ 70 cm 的犬种。大型犬用途广泛，常被用作军犬、警犬、家庭护卫犬、导盲犬等。其代表犬种有日本秋田犬、德国牧羊犬、金毛寻回犬、阿拉斯加雪橇犬，拉布拉多猎犬等。

五、常见超大型犬

常见超大型犬是指犬成年时，体重在 41 kg 以上，肩高在 71 cm 以上的犬种。超大型犬身材魁梧、不易驯服、外貌威武，养殖数量较少，多用于工作或在军中服役、狩猎、拖运等。其代表犬种有大丹犬、大白熊犬、圣伯纳犬、藏獒犬、高加索犬等。

六、常见犬品种介绍

1. 小鹿犬

原产于德国，肩高 25 ～ 30 cm，体重 3 ～ 5 kg；体型娇小，被毛短硬、光滑；毛色有黑褐色、黄褐色；该犬活泼好动，行动敏捷。小鹿犬警戒心强，聪明、忠诚、勇敢。（图 1.1）

2. 约克夏犬

原产于英国英格兰东北部约克郡，属于"迷你型"犬，体重不超过 3.2 kg；有金头黑背、金头蓝背、金头银背等；个性冲动、活泼、勇敢、喜欢撒娇，但固执己见；对主人忠诚又富有感情，对陌生人警觉性高。（图 1.2）

图 1.1　小鹿犬

图 1.2　约克夏犬

3. 博美犬

原产于德国，肩高 18 ～ 25 cm，体重 1.3 ～ 3.5 kg；面部酷似狐狸，头盖骨略圆，尾巴形似扫把；个性开朗，精力充沛，忠实、友善。虽然属于超小型犬种，但遇到突发状况会展现出勇敢、机警的一面，偶尔也会撒娇。（图 1.3）

4. 吉娃娃犬

原产于墨西哥，肩高 16 ～ 22 cm，体重 1 ～ 2.7 kg；圆拱形的苹果头颅，有囟门，有长毛种、短毛种之分；毛色多为浅色。吉娃娃犬体型娇小，但十分勇敢，对主人有极强的独占心，优雅，警惕，动作迅速，以匀称的体格和娇小的体型广受人们的喜爱。（图 1.4）

图 1.3　博美犬　　　　　　　　　　图 1.4　吉娃娃犬

5. 巴哥犬

原产于中国，肩高 25～30 cm，体重 6～8 kg；头大、粗壮，苹果形头额部皱纹大而深、鼻短而扁，走起路来像拳击手；常见毛色有银色、杏黄色、黑色等；聪明、性情温和、爱干净、活泼。（图 1.5）

6. 贵宾犬

原产于法国，按体型分为三种："玩具型"贵宾，肩高小于 28 cm、体重小于 4 kg；"迷你型"贵宾，肩高小于 38 cm、体重小于 12 kg；"标准型"贵宾，肩高大于 38 cm、体重大于 12 kg。贵宾犬头小而圆、吻长不尖；常见毛色有纯白色、黑色、香槟色、黑色和红棕色；性格活跃、机警而且行动优雅，以忠诚著称，乐于学习和接受训练。（图 1.6）

图 1.5 巴哥犬

图 1.6 贵宾犬

7. 比熊犬

原产于地中海地区，肩高 24 ~ 29 cm，体重 5 ~ 9 kg；身体强壮，性格活泼可爱，全身长满蓬松毛发，长着一双萌动而又好奇的黑眼睛；动作优雅，轻灵惹人欢喜，毛色一般为白色，性情彬彬有礼、敏感、顽皮、温顺。（图 1.7）

8. "迷你" 雪纳瑞犬

原产于德国，肩高 30 ~ 35 cm，体重 4 ~ 7 kg；头部结实呈矩形，眉毛、胡须浓密，毛色有椒盐色和纯黑色等；精力充沛、活泼、勇敢、警惕，同时也容易驯服；对人非常友好，聪明，喜欢取悦主人；既无侵略性，也不会过于胆怯；妒忌心强，喜欢人甚于喜欢同类。（图 1.8）

图 1.7　比熊犬

图 1.8　"迷你"雪纳瑞犬

9.松狮犬

原产于中国，肩高 45 ～ 51 cm，体重 18 ～ 22 kg；头颅宽阔平坦，口吻短宽，鼻大宽，舌的表面和边缘是深蓝色；毛色有红色、黑色、蓝色、肉桂色、奶油色等；松狮犬聪明、独立，是一种并不算听话的狗，外貌和性格具同狮子的高贵、熊猫的诙谐、猫的优雅和独立以及狗的忠心和热情。（图 1.9）

10.威尔士柯基犬

原产于英国，肩高 25 ～ 30 cm，体重 10 ～ 12 kg；头盖骨平且宽，鼻子为黑色，身材短小，体长而健壮，天生短尾。威尔士柯基犬是会微笑的狗狗，性格开朗，精力充沛，坚强稳健，胆子大，性格机警，能很好地守卫家园的安全，适合与小孩子相处，守卫小孩。（图 1.10）

图 1.9　松狮犬

图 1.10　威尔士柯基犬

11. 牛头梗

原产于英国，"标准型"牛头梗肩高 51 ~ 61 cm，体重 20 ~ 36 kg；"迷你型"牛头梗肩高 25 ~ 33 cm，体重 11 ~ 15 kg。头部长、结实且深，一直延伸到口吻末端，但不粗糙；整个面部轮廓呈卵形，饱满，尾根部较粗，向尾尖逐渐变细；分为白色和有色两个品系。牛头梗貌似凶猛精悍，实际上该犬性格温顺，对主人忠心而且服从性强，性情活跃、兴奋度极高、聪明听话，对儿童特别和善友好，同时它也是一种固执、以自我为中心、支配意识强、有时略显粗野、破坏力大、有很强攻击性的犬种。（图 1.11）

12. 边境牧羊犬

原产于苏格兰，成年犬肩高 45 ~ 50 cm，体重 14 ~ 20 kg；智商在犬中排第一，相当于 8 岁左右小朋友的智商；常见的毛色有黑白两色、蓝白两色、棕白两色、蓝陨色、红陨色等；性格外向、勇敢活泼、忠诚、服从性好，是飞盘比赛中最有竞争力的犬种之一。（图 1.12）

图 1.11　牛头梗 　　　　　图 1.12　边境牧羊犬

13. 法国斗牛犬

原产于法国，成年犬肩高 30 cm 左右，体重 10 ~ 16 kg；头大呈正方形，头盖在两耳间的部位平坦，额段明显，身材短圆，骨骼粗壮，肌肉发达，结构紧凑，尾巴扭曲成螺旋状，称为螺丝尾；毛色有蓝色、淡黄褐色、白色等。法国斗牛犬勇敢、机警、忠诚、憨厚、安静，极少吠叫，对主人和儿童非常友善。（图 1.13）

14. 拉布拉多猎犬

原产于加拿大，肩高 55 ~ 60 cm，体重 25 ~ 30 kg；脑袋

宽阔，耳朵挂着，适度贴近头部；尾巴是该品种的独特特征，尾巴根部非常粗，向尖端逐渐变细，尾巴上没有羽状饰毛，周围都覆盖着短而浓密的被毛，从而形成了奇特的圆形外观，被描述为"水獭"尾巴；常见毛色有黑色、黄色、米色和巧克力色四种。拉布拉多猎犬性情温和、聪明听话、容易训练、活泼好动、忠实主人、服从指挥，是最受欢迎和最值得信赖的家庭犬。拉布拉多猎犬稳定的性情和快速学习的能力使得它们成为服务犬的理想犬种。（图 1.14）

图 1.13　法国斗牛犬

图 1.14　拉布拉多猎犬

15. 金毛寻回犬

原产于英国，肩高 55 ~ 60 cm，体重 25 ~ 35kg；头骨宽耳根高，耳下垂，耳尖刚好遮住眼睛；毛色有金黄色、奶油色；个性热情、机警、自信，性格温顺、友善、可靠忠诚，对小孩有耐心。（图 1.15）

16. 德国牧羊犬

原产于德国，肩高 56 ~ 66 cm，体重 30 ~ 40 kg；毛色多为黄褐色底，黑背；大多性情温顺，服从性强，警惕性高，感觉敏锐，被广泛地用作警犬、导盲犬、牧羊犬等。（图 1.16）

 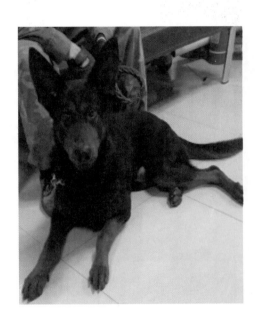

图 1.15　金毛寻回犬　　　　图 1.16　德国牧羊犬

17. 萨摩耶犬

原产于俄罗斯西伯利亚地区，肩高 55 ~ 60 cm，体重 25 ~ 35 kg；唇黑，嘴角略向上翘，形成具有特色的"萨摩式微笑"；毛色为纯白色。萨摩耶犬个性温和易与人相处，聪明、忠诚，适应性强，充满活力。（图 1.17）

18. 西伯利亚雪橇犬

原产于俄罗斯西伯利亚地区，又名哈士奇；肩高 51 ~ 60 cm，体重 20 ~ 26 kg；眼睛通常为棕色、蓝色或两眼颜色不同，俗称"鸳鸯眼";耳呈直立三角形;尾巴外形整体与狼相似;毛色有黑色、灰白色、棕色、纯白色等;与人和善、活泼好动、运动能力强、热情。（图 1.18）

图 1.17　萨摩耶犬

图 1.18　西伯利亚雪橇犬

第二讲　喂养犬

一、宠物犬喂养前的准备

（一）宠物犬喂养前的心理准备

通常来讲，大型犬的平均寿命一般在 10 到 12 岁，而小型犬的平均寿命一般都在 15 岁，你一旦开始喂养就需要坚持到底，细心照顾它一生。所以，大家在喂养之前一定要全面考虑，再做出最后的决定。

　　由于宠物自身的特点，一般而言，狗狗一年会有两次换毛，分别是在春夏换季、秋冬换季的时候进行，脱落的狗毛四处飞散，婴幼儿或是呼吸道较为敏感的老人及病人都较容易受到影响，过敏体质的人还可能会产生过敏现象；狗狗的身上常带有自身分泌的气味，俗称"狗气"，有些人不见得会喜欢，为了它的健康又不能天天洗澡；另外，小狗狗刚到家会不停地缠着您陪它玩，如果它不高兴又会不停地叫唤，叫声会打扰到家人和邻居。所以，养犬之前，首先要征求家里所有人的意见，综合考虑家里是否有病人、婴儿，尤其是孕妇的存在，另外还要征求一下邻居的意见，不要因为喂养宠物犬干扰到其他人的正常生活。

　　其次，在得到家人的认同后，当您打算喂养一只宠物犬时，您要考量是否有足够的经济支撑。狗狗的吃、住、用都要花钱，喂食专门的狗粮，使用专门的宠物用品等；狗狗一定要定期注射疫苗和驱虫，生病了要去看医生，宠物犬和人一样，随着年龄的增大会出现各种疾病，这时您应该给予它关心和爱护，绝不能把它随便丢弃，这些加起来会是一笔不小的开支。

　　最后，要保证每天能抽出一些时间来陪伴宠物犬，特别是刚到家的小宠物，一定要有人陪，否则它将会非常寂寞，久而久之小家伙也会发生心理变化，使以后的管教、训练都会遇到很大困难。奔跑和玩耍对一只小宠物身体和心理的成长是很重要的，如果想让您的狗狗有一个健康的身体和开朗的性格，足够的空间是必要的。如果您要外出或者旅行，宠物的吃喝问题一定要安排妥当。

（二）宠物犬喂养前的生活用品准备

在开始养狗狗之前，应该把狗窝、饮具和食具、洗刷用具、玩具、颈圈等狗狗的生活必需用品、用具都准备妥当，以免把狗狗带回后弄得手忙脚乱。

1. 狗窝

狗窝具有保护狗狗免受外界条件（冷热和不良天气等）影响的作用，使狗狗能安静休息。在室内安置狗窝，可以用一只足够大的硬纸箱、木板箱（底部垫些旧衣、旧毯子等，让狗狗能安身休息和睡眠）或是去宠物店购买专用的狗笼、狗窝。狗狗刚到家时由于不习惯新的环境，会有点害怕，所以您在准备狗窝时一定要仔细检查其是否柔软、通风，要给小狗安全感，不要吓着它。铺垫物不要用易被狗狗撕破的棉垫或羽毛垫，要经常更换，定期打扫和消毒。狗窝里一定要保证空气流通。

2. 食盆和水盆

狗狗的食盆和水盆要分开，可选用不易破碎和不易生锈的材料制成的器皿，如不锈钢盆、铝盆、铁盆、塑料盆均可。宠物店里也有专供狗狗使用的食盆和水盆。

食盆和水盆要求底重、边厚，防止狗饮水或进食时将其打翻。食盆和水盆表面要光滑，容易清洗，大小与深浅可以根据狗的吻部大小、长短及其食量而定。要每天清洁食盆和水盆，保证狗狗的饮食和饮水卫生。

3. 清洁用具

清洁用具包括刷子、梳子、肥皂、清洁剂及清洁骨等。对狗窝和食盆、水盆，可用棕毛刷洗，以清除污物。为了使狗保持整洁美观，必须经常给狗梳理体毛，如果养的是短毛犬或细毛犬，可用密齿梳；如果养的是长毛犬或粗毛犬，可用疏齿梳。

清洁骨是一种清洁犬牙的用品，它是用硬塑料制成，外表像骨头，表面有许多凹凸物的可清洁犬牙的用品。在犬啃咬时，凹凸物可以与牙齿的内外表面以及牙缝产生摩擦，清除牙垢和食物残渣等，达到洁牙的作用。

4. 颈圈和玩具

为了便于外出牵引和控制狗狗，必须让狗狗从小就养成戴项圈拴牵引绳外出的习惯。项圈可选用真皮、人造革、尼龙、金属及棉带等制成，松紧要适中，大小要合适，而且要随着狗狗的生长及时更换。外出散步

遛狗　扫码观看

时，必须给狗拴上牵引绳，以免其乱跑发生危险，或给他人造成不便。牵引绳的材质有皮带、帆布带、化纤带、铁链等。

通常幼犬与儿童一样喜欢玩具，当狗狗感到烦闷、孤独或压抑的时候，玩具可以让它缓解压力，并且可以减少破坏家具的行为。主人可以准备皮球、短木棒之类的玩具给宠物犬玩耍。需要注意的是，在购买玩具之前，要观察狗狗的咀嚼嗜好，攻击性强的狗狗喜欢把玩具撕开，被撕碎的东西很容易被狗狗吞下，卡住喉咙，甚至引起死亡，所以在给它选择玩具时，您应该给它买比较耐用的、硬塑料或尼龙的玩具；性情温和的狗狗会把玩具表面的东西啃光，您可以买粗帆布的；不经常啃咬东

西的狗狗可以买乳胶做的玩具。注意：易碎、有毛、能吞下的物品不能作为狗狗的玩具，以免误食。

（三）宠物犬的选择

1.成犬与幼犬的选择

（1）成犬

成犬生活能力强，尤其是经过专门训练的成犬，具备了专门的技能。但是喂养成犬也存在不少缺点，如对原来的主人怀留恋之情，新主人要赢得它的忠诚和感情要花很大精力；一些成犬由于原来驯养不佳，已养成不良习惯，再要调教极其困难。所以，一般人都想选择幼犬由自己养大。但对年纪较大的人来说，养幼犬比较累，选择训练好的成年陪伴犬是不错的选择。

（2）幼犬

由于幼犬可塑性更大，能够很快地适应新环境，可与主人建立起牢固的感情，易于调教和训练。所以，大多数人都会挑选一只自己喜爱的幼犬进行喂养。但幼犬独立生活能力差，开始饲养阶段要精心照料，需花较多的时间来调教和训练。所以选择幼犬颇有讲究，如果幼犬体质不佳，喂养就很困难。根据育犬家们的经验，挑选幼犬除了选定需要的品种外，还应该从多个方面进行筛选。

①以幼龄犬为佳，而且必须是彻底断奶的。一般幼犬在 6～7 周龄才能够彻底断奶，所以最好选择达到 8 周龄的幼犬。

②每窝幼犬数目不同，要从 7 只以下的犬窝中挑选，否则幼犬过多，母犬不可能供给幼犬足够乳汁，幼犬容易因营养不

够而影响其体质。

③如果幼犬的父母在场，可仔细观察它们的健康状况和神态表情，也可以根据幼犬父母的品相、体重、性格、是否有血统证明等来挑选幼犬；换句话说，从遗传学上来说，这对挑选幼犬也很重要。

④在同一窝幼犬中，不要挑选个小的、瘦弱的幼犬，如果强壮的幼犬已被选完，宁愿不选。

⑤除了一般缇类犬的天生拱背以外，其他犬种如有拱背的情况不宜挑选。

⑥认真检查幼犬是否得过什么病，或者是否有后遗症。幼犬的鼻子应是凉而潮湿的，如果狗狗的鼻端干燥甚至干裂，则是生病的表现。

⑦除了挑选体质强健的幼犬，还要看它是否充满生气和活力。

2. 公犬与母犬的选择

虽然犬的感情、忠诚程度和性情，主要决定于犬的品种而不是犬的性别，但是在同一个品种中，公、母犬在性格和训练上也是有差异的。一般来说，母犬的性情比较温顺、敏感、聪明、易于调教，在训练上比较容易取得成功，如果要陪伴孩子玩耍可选母犬。但是母犬每年两次发情期引起的外阴流血会增添不少麻烦，所以，主人在没有繁殖需求的前提下，建议给狗狗做绝育手术。相对于母犬来说，公犬性情刚毅，活泼好斗，未绝育的公犬，在母犬发情期，容易冲动，所以

训练时间要比母犬长。因此，选择公犬还是母犬，要视个人的爱好和驯养能力而定。

3. 纯种犬与杂交犬的选择

（1）纯种犬

纯种犬是指符合《中华人民共和国畜牧法》及其配套法规和《纯种犬》国家行业标准草案，是经世界犬业协会登记并拥有血统证明的犬只。

优点：外貌与性格稳定，后代可以稳定地遗传其父母亲的所有特征，包括体型、耳朵、毛色等。

缺点：为了保持品种纯正，很多纯种犬是近亲繁殖的产物，可能会导致犬本身出现基因缺陷。纯种犬身体素质要比杂交犬差，感染传染病的概率也要比杂交犬高得多，而且医治的难度相对也要高一些。纯种犬比杂交犬更容易出现行为和情绪上的失调。

（2）杂交犬

杂交犬是指由不同品种的狗杂交而成的品种。杂交犬的品种可能成为新的认证的犬种从而变成纯种犬。

优点：杂交犬比较容易喂养，抵御各种疾病的能力及适应力都比纯种犬强。

缺点：杂交犬的外形不如纯种犬，容易变异。繁殖出的幼犬，其价值也不高。

如养犬是以繁殖或参展为目的，那么应该饲养纯种犬，但花费较为昂贵；如果只是想要一条身体健康的宠物犬陪伴在身边，那么杂交犬也是不错的选择。

📌 **小贴士**

选择时的检查

在选择狗狗的品种、大小、公母的同时，也要着重检查被选狗狗的健康状况。

①一条健康的狗狗，应该是精神振奋，活泼好动，反应敏锐，乐于同人嬉戏；而有病的狗狗，常常精神沉郁，萎靡不振，对外来刺激反应迟缓，或是对周围的事物过于敏感，惊慌不安，盲目狂奔乱闯。

②一条健康的狗狗，眼结膜呈粉红色，眼睛明亮而不流泪，无分泌物；鼻尖湿润，发凉，无浆液性或脓性分泌物；口腔清洁湿润，黏膜呈粉红色，舌头鲜红色，没有舌苔和口臭，牙齿洁白无缺齿；皮肤柔软富有弹性，手感温和，体毛有光泽；肛门紧缩，周围清洁无异物。

二、宠物犬的日常喂养

1. 充足的营养物质

狗狗的食物中应含有蛋白质、脂肪、碳水化合物、无机盐、水和维生素等成分，以补充机体内物质的消耗，为活动提供能量。

水是犬的必需营养物质。犬可以两天不吃饭，但不能一日无水，缺水达20%就有生命危险。在正常情况下，成年犬每天每千克体重约需100 mL的水，幼犬每天每千克体重需要150 mL水。高温季节、运动之后或饲喂较干的食物时，应增加饮水量。应全天供应饮水，任其饮用。

2. 狗狗饲料的种类

扫码观看

安全喂食

狗狗的饲料可分为动物性饲料、植物性饲料和饲料添加剂。

（1）动物性饲料

动物性饲料来自动物及其屠宰后的副产品，包括畜禽的肉、内脏、血粉、肉骨粉、鱼粉、乳汁等。这类饲料，是狗狗最好的蛋白质和钙磷的补充料。动物性饲料适口，易于狗狗消化，蛋白质、维生素含量较高。常见的犬动物性饲料有鱼、肉、蛋、奶等。

● 鱼　营养价值高，鱼骨、鱼肉、鱼刺几乎全能被狗狗所消化吸收，是理想的食物，深得犬类偏爱。但鱼体内多有寄生虫，应该煎煮之后再喂，忌生喂。

● 动物肉　动物肉是最可口的狗狗饲料，加入适量的钙、磷、维生素、骨粉及血粉或禽类内脏便是较优质的狗狗饲料。

● 蛋　蛋营养丰富，易消化，是狗狗喜食的品种。蛋壳又是很好的钙源，饲喂时要把蛋壳捣碎磨细再喂给爱犬。

● 奶制品　奶制品也是可口食物，多数狗狗都喜食奶制品，但有些狗狗对奶制品消化不良，容易引发拉稀。

（2）植物性饲料

植物性饲料种类繁多，价格低廉，是肉用犬或大型犬的补充饲料。其中，植物性饲料包括农作物成熟的籽实，如玉米、大米、大麦、小麦、高粱、大豆、蚕豆、豌豆等；根茎类植物的根茎，如甘薯、马铃薯、木薯、胡萝卜、甜菜等；瓜果类，如南瓜、西葫芦等；农副业加工产品，如米糠、麦皮、大豆饼、花生饼、芝麻饼、糖渣、淀粉渣、豆腐渣等；青菜类等。这些饲料富含淀粉和糖类。应用这些饲料饲喂时，不能生喂，需要煮熟，但又不能煮得太久，否则维生素就会被破坏。另外选择这类饲料时以鲜嫩含水分较多者为好，老的和风干的青饲料不宜作为犬的饲料。

植物性饲料在家庭宠物饲养的狗粮中比重很小，适可而止。

（3）饲料添加剂

饲料添加剂又称"辅加料"，是为了某种目的在饲料中加入对狗狗具有一定功能的某些微量成分。饲料添加剂的种类很多作用各异，一般来说，饲料添加剂主要用于促进狗狗生长发育、防治疾病、减少饲料贮存期间营养物质损失和改进产品质量等。饲料添加剂一般分为营养物质添加剂，包括微量元素、维生素及氨基酸添加剂；生长促进剂，包括抗生素、酶制剂、激素等；驱虫保健添加剂，包括抗寄生虫药物等。

3. 犬粮的种类与选用

（1）犬粮的种类

犬粮主要有以下四种类型。

● 干犬粮　一般是膨化颗粒饲料或块状饲料，这种饲料比较便宜，保存时间比较长，但狗常常会因吃得过多而过肥。著名的商品有爱慕思优卡大中型犬成犬粮、皇家大中幼型犬成犬粮、叭咪宝宠物营养片、比瑞吉钙奶助长幼犬粮、艾伟思犬粮、怡威犬粮等。

● 罐头犬粮　用罐头包装，打开即可饲喂。肉罐头喂养时需要另外加入米饭等能量饲料配合使用。

● 半湿犬粮 做成饼状、汉堡包状等，外观很像肉。一般按一次的喂量简易包装，因加有防腐剂等，在室温下即可保存。

● 冷冻犬粮 用新鲜原料制成，营养保存完好，有配好的日粮，在冰箱中保存，解冻后喂用。但解冻后要尽快喂用，否则容易腐败。

（2）犬粮的选择

①看：好的狗粮表面没有过多的油分，质地紧密。

②闻：好的狗粮气味比较淡，是自然的食物气味。

③尝：好的狗粮嚼在嘴里没有异味，嚼起来比较脆，容易嚼碎。

④观察犬的粪便：经常吃好的狗粮，狗的粪便不软不硬，成形较好，偶有一定光泽。

⑤口味：肉类狗粮一般分为三大类，白肉类如鸡肉、鸭肉等禽类肉；红肉类如牛肉、羊肉等畜肉类；鱼肉类如三文鱼、鳟鱼、鲭鱼等鱼类肉。白肉类狗粮吃后不容易上火，狗狗更容易吸收，但热量较低；红肉类营养含量高，适合狗狗增重，但不利于毛发的生长改善；鱼肉类对毛发有较好的作用，但对鱼类过敏的狗狗慎用。

人类的食物往往含较多糖、盐、油，并不适合给狗吃，否则可能造成狗狗偏食，甚至引发其消化系统及肾脏疾病。在领犬回家时，可向原主人索要一些原来食用的狗粮，然后逐步过渡到新的狗粮。

4.狗狗饲喂的注意事项

①饲喂狗狗应定时、定量、定食盘和定地点。狗和人吃饭一样，每天饲喂的时间要固定，不能提前或拖后，这样可以使狗建立起条件反射，到喂食时其胃液分泌和胃肠蠕动就有规律地加强，促进食欲，对消化吸收大有好处。对一般成犬来说，每天早、晚各喂一次，根据狗狗的习性，晚上可以多喂一些。每天喂狗的饲料量要相对稳定，不能时多时少，严防暴食或吃不饱。

狗狗进食要固定用一只食盆，喂后要清洗，并定期煮沸消毒。进食的地点也要相对固定，如果经常更换，狗狗会拒食或引起食欲下降。

② 1 岁以下的狗狗，每天喂食 3 次；3 个月之内的狗狗，每天要喂食 4 次，添食要从少到多，固定食量，不宜喂得过饱，采取"少食多餐"。

③除夏季外，都应给狗狗喂温热的饲料，食物的温度最好在 30° 左右，不要过冷、过热；饲料太热不但影响狗狗的食欲，而且会烫坏狗狗牙齿；太凉的食物则容易让狗狗吃坏肚子。

④喂食前后不要让犬做激烈运动。喂食时，要注意观察犬的吃食情况，如是狼吞虎咽很快吃完，并还在舔食盆，则表示狗狗还未吃饱；如狗狗少吃或不吃，出现剩食或不食，要查明原因，及时采取措施。吃剩的狗粮随即拿走，不可长时放置任狗狗随时采食。这样既不卫生，又容易使狗狗养成恶习。

⑤对病狗要特别关照。对于病狗要根据兽医医嘱多喂流食、瘦肉和蛋类或易消化、营养全面的病号食物，多饮干净水。

⑥狗狗吃食时是囫囵吞下，饲料中一些坚硬、细小而尖锐的骨头、鱼刺就难免会卡到其咽喉、食管，为慎重起见饲喂时还是捡出骨头为宜。

5. 狗狗喂养的常见误区

（1）肝脏和胡萝卜

动物肝脏营养丰富，对狗狗适口性又特别好，几乎所有的狗狗都喜欢吃，因此，不少宠物主人喜欢用单一肝脏或肝脏加胡萝卜喂养狗狗，但这种喂养方法很不科学，容易引起幼龄狗狗的佝偻病和成年狗狗的骨软化病。患这两种病的狗狗外表看似健康，但胃肠功能减弱，粪便干或稀，不爱活动，严重的幼犬腰背部凹陷，盆腔变狭窄，易发生便秘，成年母犬产仔时易发生难产，产仔后易患缺钙性抽搐。

（2）生肉、生鱼、生虾

狗狗都喜欢吃生肉和生鱼虾。研究证明生肉中可能含有弓形虫的包囊、细粒棘球绦虫的棘球蚴、有钩绦虫的囊尾蚴、旋毛虫的旋毛幼虫等，狗狗食后可能被感染。若喂食生鱼、虾或螺，易感染多种吸虫病。这些疾病均是人、畜共患病，有较大的危害性。

生肉、生鱼、生虾还可能含有沙门氏菌、大肠杆菌等多种致病菌，如果这些食物在夏天腐败，还可能产生毒素，对狗狗的危害更大。

（3）用成年犬食品喂幼龄犬

幼龄犬正处在生长发育阶段，所需的营养和能量比成年犬要多一些，用成年犬食品喂幼龄犬容易导致其生长发育缓慢，免疫功能降低，贫血、佝偻病、粪便软或腹泻，甚至出现采食粪便现象。

（4）其他食物

宠物犬食品，不管是干粮，还是罐头，都是科学的全价平衡的食品，含有各生长阶段狗所需的一切营养物质，而且各营养成分之间的比例搭配合理，有利于各种营养成分的充分消化被狗狗吸收，保证狗的健康成长。在食品中添加其他食物，破坏了其科学的全价平衡性，影响各营养成分的吸收，或导致狗狗肥胖，或引起狗狗得某些营养性疾病。但用干粮搭配狗罐头食品却是一种较好的食品组合，这种食品搭配方式，既具有干粮食品的高密度全面均衡营养，又具有罐头食品的上佳口感和可口的口味，用这种食品搭配方式给狗换食，奖励狗，或者增加狗的食欲，可以取得事半功倍的效果。

（5）饮食的改变

狗对于食物有其特定的习性和嗜好，对新的食物有一定的适应期，在食物发生变化的时候，狗消化道里酶的种类和数量也需要进行适应性调整，以适应这种变化。一般而言，这种调整需要 2 ~ 3 天时间。

如果突然换食，往往会出现两种情况：一种是食物的口味好，适合狗狗的嗜好，狗大量采食，尤其是幼龄犬，会引起呕吐和腹泻，如果治疗不及时，容易造成死亡；另一种情况是狗不喜欢采食，影响狗的健康。正确的换食方法是：开始时仍然以原食物为主，加入少量新食物，以后逐渐增加新食物，减少

原食物，直至全部喂食新食物。

　　换食对狗狗来讲是一种应激反应，在狗狗身体虚弱、生病、手术后或其他应激因素存在的情况下，不宜匆忙换食，以避免多重因素对狗产生严重影响。

三、宠物犬的日常调教

　　宠物犬良好的习惯是训练和培养出来的。作为一名有责任心的宠物主人，应该让狗学会怎样在室内生活，其举止行为应该像一个受到良好教育的孩子一样，与人能交流，表现有品位，成为有较高素质的宠物犬。每位主人都希望自己的宠物犬听话，能完成几个动作，懂得什么可以做，什么不可以做。根据研究，狗的行为有非条件反射和条件反射两种。非条件反射是先天性的，生下来就有的一种本能反射，如幼犬生下就会吮奶、呼吸、排便和自卫等，这也是建立条件反射的基础；条件反射是后天获得的，是狗在生活中逐渐形成的。我们训练狗，使之学会各种技能的过程就是形成条件反射的过程。

　　对狗的训练，可从出生 2 ~ 3 个月的小狗开始。主人在训练中始终应秉持着爱心和耐心。除选择合适的犬种外，训练本身也很重要。初次训练宠物犬应牢牢记住以下几点：

　　①在训练初期，狗的反应迟钝或拒绝训练，不要打骂狗。如果形成了训练和挨打之间的条件反射，会影响以后的训练。

　　②要坚持，不能半途而废。不要希望所有的狗都是天才，很多动作都是靠习惯性养成。因此，训练中必须反复多次地进

行，直到狗学会、做到为止，切勿中途放弃或迁就。

③由一人训练。如果多人训练狗会有不同的反应，而且可能不听口令，使训练失去意义。另外，同一人的语调和内容要一致，不要局限于制止和表扬之类的话。

④训练口令必须简短明了，一般不要超过 3 个字。因为狗狗只能记住少量发音顺序。

⑤每次训练的时间不要过长，最多不超过 15 分钟。

1. 机械刺激法

机械刺激法是一种利用机械的方法，迫使狗狗做一定的动作。例如，带狗外出时，为了不让狗乱走乱跑，主人给狗带上牵引带，控制狗的行为，这种机械刺激，可以迫使狗形成与人随行的习惯。

2. 食物奖励刺激法

食物奖励刺激法是用食物来刺激狗做出一定动作的方法。在实际应用上非常重要，还可以用来巩固和强化已经建立起来的条件反射。例如，我们叫狗的名字，它会跑向你的身边，每次狗跑回来，就给它适当的食物奖励，这样可以强化这种条件反射，下次它听到你的呼唤就会马上跑过来。

3. 机械刺激与食物奖励刺激相结合的方法

这种相结合的方法在狗狗的训练过程中最为常用。例如，你带狗到固定的地方去排便，这是机械刺激，是强迫性的；但狗这样做了，并及时给予食物奖励或进行抚摸，使狗懂得主人要求自己这样做，并鼓励它继续这样做。

在动物福利的当代，提倡对宠物犬的行为训练只使用正强化训练方式，即只奖励对的行为，以使这些行为得到进一步加强，而不再使用通过惩罚削减不当行为的负强化训练方式。

通过行为训练，可以让狗养成定点排便、规律饮食的好习惯，也可以根据人的指令，做出前来、随行、坐下、衔回、禁止等动作，既为狗养成良好的生活习惯，也使狗能很好地融入人类社会，形成文明养犬的社会环境。

第三讲　护理犬

一、宠物犬的保健

1. 幼犬的保健

（1）"仔犬"的保健

"仔犬"是指从出生到断奶约 45 日龄的幼犬。幼犬在哺乳期内大多数体质很弱，所以需要加倍的关爱，我们所要做的保健工作为保温、防压、防冻、吃乳和补乳等。

● 保温、防压　幼犬出生后，由母体内的恒温环境来到体外的变温环境中，这些一尘不染的小家伙被毛稀少、调温功能尚未完全形成，故而要做好保温工作。同时，刚出生的小犬骨骼很软站立不稳，行动不便，容易被母犬压迫窒息而死或踩伤致死，需要加强看护。

● 吃乳和补乳　及时吃初乳。新生犬体内尚未产生抗体，此时的母犬能大量分泌富含多种抗体的母乳，因此要让新生犬吃足初乳。小犬稍大，母乳供应不足时，就需要适当补乳，此时切忌喂食牛奶，因为小犬的肠胃功能非常差，喂牛奶容易引起腹泻。最好用专用的犬羊奶粉，为了降低开销也可用脱脂牛奶或高钙脱脂奶粉。煮沸消毒后用奶瓶喂养，温度在 37 ℃左右。补乳量一般不必刻意限制，当以喂饱为止。25 日龄以后，可试着以肉汤、稀饭加食。小家伙们在吃奶时常发生争抢现象，为避免冲突和个别小犬发育不良，应固定每个小家伙吃奶的奶头，使它们各食其奶，相安无事。

● 日常管理　在仔犬出生 5 天以后，可在风和日暖的好天气，把它们抱到室外与母犬共晒太阳，每天两次，每次以半小时为好。这样仔犬可以呼吸到新鲜空气，并利用阳光中的紫外线杀死身上的细菌，还有利于被毛的干松，加快其生长。仔犬身上的污物很多，应及时用柔软的布片擦拭，每隔两天还要给它们洗澡 1 次，洗澡水的水温在 35 ～ 40℃，洗澡时应防止浴水进入耳内。洗澡后可以为仔犬修剪趾甲，以免在吃奶时抓伤母犬乳房及其他仔犬。等到仔犬有了一定的体力和精力之后，可以引导它们在室外游戏、玩耍，但要防止其互相撕咬争斗。

（2）幼犬的保健

幼犬断奶后 (6 ～ 12 周) 即可分窝，最佳分窝时间是 8 ～ 9周龄。这时的幼犬由依靠母乳到能完全独立生活，生活环境发生很大变化，加之被抱养后，来到一个完全陌生的环境，原来的生活规律被打乱。因此，应让其尽快地熟悉、适应新的环境。

● 适应环境

幼犬来到新的环境以后，常因惧怕而精神高度紧张，任何较大的声响和动作都可能使其受到惊吓。因此，要避免大声喧闹，更不能出于好奇而多人围观、戏弄它。最好将幼犬直接放在室内它休息的地方，适应一段时间后再接近它。接近犬的最好时机是喂食时，可以一边将食物推到幼犬的眼前，一边用温和的口气对待它，也可温柔地抚摸其被毛。所喂的食物应是犬特别喜欢吃的东西。开始可能不吃，这时不必着急强迫它吃，等适应以后，它会自动采食的。如果它走出犬舍或在室内自由走动，表示已初步适应了新环境。

● 调教

养幼犬必须从一开始就要注意两件事：一是训练犬在固定地方睡觉，二是训练犬在固定地点大小便。犬有这样一种习惯，即来到新环境以后，第一次睡过觉的地方，就认为是最安全的地方，以后睡觉都会到这个地方来。因此，第一天晚上睡觉时一定要让幼犬在室内指定的地方睡觉。数天以后，它睡觉的地方就会固定下来，如果偶尔发现它在其他的地方睡觉，就要将其抱回原来的地方，并安抚它在固定的地方睡觉。同样，固定幼犬第一次拉粑粑和尿尿的地方也很重要。

幼犬通常都有好奇心，所以要当心家里摇晃的电线、桌上的杯子、会动的玩具等，另外收藏好值钱的鞋子等，防止幼犬啃咬。如果出现啃咬，要友善对待幼犬，不要对它发脾气和打骂。如果幼犬按照你的要求做了某种事情，要及时予以奖励，让它知道这是你所喜欢的事情；如果做错了事，只要严肃地说声"No"，它就会知道这是不允许做的事。在幼犬适应环境阶段，要防止其逃跑。一旦发现幼犬行动诡秘，躲躲闪闪，有逃跑企图时，需立即制止，予以斥责，使其不再逃跑。

● 日常管理

首先，应搞好幼犬的卫生，增强体质，预防疾病。注意打扫卫生，保持犬窝干燥。每天都要检查幼犬的情况。早晨，清除犬的眼屎，检查它的耳朵和口腔，梳理犬的被毛，检查有无跳蚤。幼犬皮肤薄，要轻梳、轻拭，使其有舒适感而愿意配合，养成梳毛的习惯。抬起犬的尾巴，检查肛门是否干净。这些日常检查会让犬习惯抚摸，并能及时地发现幼犬的异常情况。

其次，要进行一定的运动和日光浴。选择安全、干净场所供幼犬运动。适当运动能加强犬的新陈代谢，促进其骨骼和肌肉的发育。但运动量不宜过大，剧烈运动会导致身体发育不匀称，而且影响犬的食欲和采食。当幼犬逐渐长大时，应牵至户外，锻炼其对外界环境的适应能力，培养其胆量，并开始进行训练。

另外，要确保幼犬每天得到足够的食物，以及食物中所含有的各种均衡的营养物质，既要可口又要易消化，最简单的方法是选择专门针对幼犬的犬粮。

● 驱虫与疫苗的接种

幼犬易患蛔虫等寄生虫病，严重地影响其生长发育，甚至引起死亡。因此，定期进行驱虫非常重要，一般在30日龄时进行第一次驱虫，以后每月定期驱虫1次。为防止污染环境，驱虫后排出的粪便和虫体应集中堆积发酵处理。2月龄以上的幼犬应根据所在地区的疫情，定期做好疫苗的预防接种工作。

2. 母犬的保健

（1）妊娠期母犬的保健

母犬一般长至 6 ~ 9 个月的时候就会出现发情，并且每年的春、秋两季会发情 1 ~ 2 次，发情期会持续 3 周左右。在发情期持续 9 ~ 13 天的时候，是配种的最佳时期，此时受孕率最高，怀孕共需 58 ~ 62 天。母犬受孕后，妊娠期间保证母犬的饮食与适当的运动，是保证母犬顺利产仔和仔犬健康的重要条件。

● 饮食保健

从交配后的第 20 天起，要适当增加肉类、钙粉、蛋黄、蔬菜等，及时补充维生素、微量元素和钙。

妊娠 45 天左右，每天中午加喂 1 餐，少食多餐，减少对子宫的压力，以免造成流产。尤其不能吃冷的食物和喝冷水。临产前稍减喂量，并喂食易消化的犬粮，供足饮水，妊娠 50 天后进产房。

● 运动保健

妊娠犬要适当活动，可促进血液循环，增加食欲，有利于胎儿的发育，也可减少难产。孕犬应单独散放，户外活动每天至少 4 次，每次不少于 30 分钟。

● 清洁保健

要经常给孕犬梳理毛发，妊娠 30 天内可以洗澡，注意保持孕犬乳房清洁。分娩前两天要清洁乳房，若是长毛犬乳腺周围的毛修要剪掉，这样新生的幼犬会更容易找到乳头。产前 1 周，我们要准备好大小合适的产仔箱，铺上温暖的垫子，等候仔犬的到来。

（2）母犬产后保健

● 清洁保健

母犬的外阴部、尾部及乳房等部位要用温水洗净、擦干；更换被污染的褥垫并注意给母犬保温。

● 安全保健

母犬要保持静养，陌生人切忌接近，避免母犬受到骚扰，若使母犬产生神经质，会发生咬人或吞食仔犬的恶果。

● 饮食保健

刚分娩的母犬，一般不进食，可先喂一些葡萄糖水，5～6小时后补充一些鸡蛋和宠物专用羊奶粉，直到24小时后正式开始喂食。此时最好喂一些适口性好、容易消化的食物。最初几天喂给营养丰富的粥状食物，如宠物专用羊奶粉、鸡蛋、肉粥等，少量多餐，一周后逐渐喂食较为专业的适合哺乳期母犬犬粮。随时注意母犬哺乳情况，如不给仔犬哺乳，要查明是缺奶还是生病，及时采取相应措施。泌乳量少的母犬可喂给其宠物专用羊奶粉或猪蹄汤、鱼汤和猪肺汤等以增加泌乳量。

● 人工干预

有些母犬母性较差，不愿主动照顾仔犬，这时主人可以干预并帮助它给仔犬喂奶。对不关心仔犬的母犬，还可以抓一只仔犬，并迫使它尖叫，这种方法可能会唤醒母犬的母性本能。此外，仔犬此时行动不灵，要随时防止母犬挤压仔犬，如听到

仔犬的短促尖叫声，应立即前往察看，及时取出被挤压的仔犬。为了刺激仔犬排泄，母犬必须用舌舔仔犬臀部，如母犬不舔，要在仔犬肛门附近涂以奶油，诱导母犬去舔。

幼犬出生在冬季，产后要做好仔犬和母犬的防冻保暖工作，可采取增加宠物垫、加放红外线加热器、在犬窝门口挂防寒帘等方法。

（3）哺乳期母犬的管理

● 清洁保健

要加强对哺乳母犬的梳理和清洗工作，每周要洗 1 次澡，经常用消毒药水浸过的棉球擦拭乳房，然后用清水冲洗干净，以免仔犬将药水吸入体内。要搞好产房卫生，每天及时更换垫被，产房要定期消毒。

● 运动保健

天气暖和时，要带领母犬到室外散步，每天最少 2 次，每次可由半小时逐渐增至 1 小时左右，但不能剧烈运动。

● 产房的环境要求

注意保持产房及周围环境的安静，避免较大的声响或噪声、强光等刺激，使母犬及仔犬都能很好地休息。有的母犬为了照顾仔犬，经常不离开产房，出现憋尿现象。此时，应定时将母犬带往其习惯排便的地方，让其排便。

● 母犬的乳房保健

要经常检查母犬的乳房，有无在地上擦伤或被仔犬的趾爪挠，出现外伤应及时治疗，以防感染细菌后引起乳腺炎。

3. 配种期种公犬的保健

（1）运动保健

公犬要保持每天适宜的运动量，以半小时慢跑为主，以保持精力旺盛和体形健美。

（2）饮食保健

平时饮食要合理，脂肪不能喂食过多，以防肥胖，使生育能力下降。食量要合理，每日1餐，饮水不限。

（3）合理配种

公犬配种的最佳年龄在2岁左右，身体完全发育成熟时。交配时，每天1次为宜，不要过多。应在母犬流出分泌物的第11～13天交配，成功率最高。严格管理，不要让公犬随意与母犬交配。

4. 老龄犬的日常保健

一般来说，犬从7～8岁开始出现老化现象，但由于品种、环境和管理条件不同，其老化的程度也有所差异。

（1）判断其老龄化的标志

①皮肤的变化：最明显的老化指征是皮肤和被毛的变化，皮肤变得干燥、松弛、缺乏弹性且易患皮肤病。

②被毛的变化：身上出现一些深色的被毛，如黑色或棕色毛变成灰色，头部和嘴巴周围出现白毛，脱毛增多。

③其他部位的变化：10岁以后犬的牙齿变黄，视力与听力下降，体力减弱，懒惰，嗜睡及体重减轻等。

（2）老龄犬保健

● 饮食保健

要给老龄犬提供营养均衡的饮食，蛋白质、脂肪含量应合适，而且要易于咀嚼，便于消化。对于老龄犬来说，好的食品要求低脂肪、低能量、低盐分，蛋白质含量适宜，这样的犬粮有益于老龄犬的新陈代谢，并与老龄犬的活动量减少相协调。但有活力的老年犬仍可吃成年犬的犬粮，对其健康也会更好。我们要保证每只犬都能吃到适量的犬粮，满足犬的生理需要。如果犬有肥胖症、糖尿病、肾病、心脏病等疾病，则要对食物进行控制，减少盐分摄取。另外，应采取多餐少食的喂养方式，若是一次喂食量很大会有困难的话，可以每天分 3 ~ 4 次喂食，这样会比较好。

● 牙齿保健

老龄犬一般会因嗅觉减退而食欲不佳，掉牙和牙周炎是老龄犬常见的。牙疼和牙龈炎都是导致呼吸异味、牙齿变色和牙出血的原因，最终使消化力降低，因此要对老龄犬的牙齿进行保健，定期刷牙。

● 环境要求

老龄犬的抵抗力降低，既怕冷又怕热，因此，要做好保温、防暑工作。平时应多注意观察犬的行为，如发现异常应及时诊治。

● 运动保健

宠物犬随着年龄增加进入老龄犬阶段，性情也会改变，不再像以往那样活泼好动，变得好静喜卧，运动减少，睡眠增多，同时也很容易疲劳。因此，带老龄犬活动时，要注意防止过度疲劳。另外，老龄犬的肌肉和关节的配合及神经的控制都远不如壮年犬，骨骼也变得脆弱。因此，不能让老龄犬做复杂、高难度的动作，以防肌肉拉伤或骨折。按照老龄犬原有的良好生活习惯和规律，合理安排老龄犬的日常活动。与老龄犬相处，要用心去呵护，让其在年老的时候仍能保持生活的乐趣，让它们欣赏更慢一拍的生活方式。

5. 绝育犬的保健

现在很多家庭饲养的宠物犬，为了便于管理及科学养犬，大多数都会去兽医院施行节育手术。宠物犬经过节育手术后大多数 12 ～ 24 小时内会显得精神困倦和昏昏欲睡，这是麻醉后产生的反应。手术后一段时间，犬会出现厌食现象，喂给食物份量应比平常少。有些犬在饮食后可能会出现呕吐，这也是手术麻醉后产生的反应，我们应在兽医的指导下对它进行妥善处置。

（1）手术后的保健

犬在手术后，一定要让它们充分休息。尽量不要骚扰和惊动它们，大多数的犬在手术后两天内会行动自如，但不要让它们做较剧烈的活动。为了避免犬舐咬伤口或咬扯缝合线，可给它们带上特制头套（伊丽莎白圈）进行限制。如果犬手术几天后还持续呕吐，或者将缝线扯掉，伤口出现异常红肿及大量异常液体流出的情况，要及时请兽医处理，以防并发其他疾病。

（2）饮食保健

犬在进行完绝育手术后，食欲低下，不想吃东西时，应该变换食物做法，调配花样，或多喂点它平时喜欢的零食，尽量改善犬的食欲。手术后应加强对犬补充营养，可适当饲喂营养膏或罐头，这时的食物也许比药物更管用。

6.犬的四季保健

被毛梳理　扫码观看

在不同的季节里，犬具有不同的生理变化，保健养护内容也应有相应的变化。比如，犬的体毛总在不断更换，虽然每个品种的犬换毛早晚不完全一致，但每年春末夏初的换毛期间，犬都要脱下冬季御寒的浓密绒毛。这时，主人最好用专业的犬梳帮助宠物犬梳理毛发，防止被毛打结从而引起皮肤病。到了秋天，犬身上又会长出绒毛，这时也要经常对它进行梳理，刺激皮肤的血液循环，促进被毛生长。

（1）春季保健

● 清洁保健　在经过一冬之后，厚厚的长毛开始脱落。特别是春节过后，每天都能看到地上、犬窝里有一团团的毛。这是正常的生理变化，是让犬脱去"冬装"以适应夏季的炎热。这时要每天梳理犬的被毛及清扫犬窝，避免脱落的毛粘在身上形成毛毡。如果掉毛太多，主人也要特别注意，是否有皮肤外露，或到专业的宠物医院求诊，检查是否为皮肤病。犬春季换毛时，由于换毛过程皮肤不洁，容易患疥癣等皮肤病，要注意进行被毛梳理，保持皮肤清洁和预防皮肤病发生。

● 繁殖期保健　春季也是发情的季节，除繁殖优良纯种外，要注意防止无谓的交配。看好自己的犬，待找到良种后再交配。对于不准备留种的母犬，可以考虑做绝育手术，避免发情后的不良反应。同时，对发情公母犬要加强看管，防止走失，防止乱配，还要防止公犬因争配偶斗架发生外伤，如出现伤情应及时处理。

● 疾病保健　春天是犬疾病多发的季节，必须贯彻防重于治的原则。对犬舍（窝）和运动场要彻底清洗并进行消毒；定期对犬进行体内、外驱虫处理。此外，还要接种狂犬病、犬瘟热、细小病毒等疫苗。

（2）夏季保健

● 清洁护理　夏季要定期给犬洗澡，保证犬的清洁卫生，对长毛犬（如北京犬、西施犬、苏格兰牧羊犬、古代英国牧羊犬等）及卷毛犬（贵宾犬、比熊犬等）要定期进行美容，修饰其被毛，帮它们换上"夏装"，轻松度过炎热的夏季。夏季犬的眼睛附近容易有过多的分泌物，可以用生理盐水冲洗。犬的耳朵要经常清洁，检查有无发炎或黑色油脂状分泌物，或将长的耳毛拔除。

● 防中暑　犬由于汗腺退化，散热较困难，夏季较易中暑，所以犬窝要选择在通风良好、比较阴凉的地方。避免犬在烈日下活动，一般选择在早、晚外出散步。如发现犬有呼吸困难、皮温升高、心跳加快、眼泪和口水过多，甚至口吐白沫等中暑症状，应及时将其放置在阴凉、安静、通风的地方，避免阳光直射，同时供给充足的清水，用湿毛巾冷敷头部，并请兽医治疗。另外，千万别把犬独自关在汽车里，夏天车厢内气温高，空气不流通，犬身上的热气无法散出去，易导致其缺氧或中暑死亡。

● 防患空调病　夏季到了，酷暑炎热，很多家庭开始使用空调。犬在空调环境中待的时间太久，也会患空调病。特别是在炎热的中午，突然将犬带到屋外，或将在室外晒太阳的犬带回开着空调的家里，也容易使其患病。宠物患空调病后，主要症状是打喷嚏和流鼻涕，精神沉闷，厌食甚至不吃不喝，看起来类似感冒症状，但实际上比感冒要严重得多，严重时犬体温升高，呼吸和心率加快，甚至还会造成犬死亡。所以不要让犬长期处在空调环境中，带它们外出时最好选在早晨或傍晚温度较低的时间。严禁宠物睡在空调风口下，平时要让它们待在有自然风的环境里。另外，给犬洗完澡后不要让其直吹空调。

● 营养均衡　夏天是个流汗的季节，动物也会流失很多水分，要时常留意它们的食盆内是否有清洁充足的饮水。另外，不要用直接从冰箱中取出的食物喂犬，以免过冷的食物刺激犬的胃肠道。最好多给宠物补充一些含电解质的营养素。夏季食物易发酵、变质，容易引起食物中毒，如治疗不及时就会导致犬死亡。因此，喂犬的食物最好是经加热处理后放凉的新鲜食物，喂给量要适当，不应有剩余。夏季犬因酷热难耐食欲下降，应多喂易消化、口感好的食物，最好喂营养全面、口感好的犬粮。

● 防病　夏季是犬体内寄生虫生长滋生的季节，故应定期进行粪便检查和体内驱虫。夏季也是蚊、蝇、跳蚤、蜱虫滋生繁殖的季节，故应注意犬是否被叮咬。鼻头颜色要经常检查，看鼻子是否干燥，若流鼻涕则要注意是否发热、感冒；若鼻子有脓样分泌物，可能已患上严重肺炎或传染病，要尽快诊治。

（3）秋季保健

• 清洁护理 对犬来说，秋天是一年中最舒适、最快活的季节。犬脱下夏毛换上美丽的长毛，会变得比之前更漂亮，要做到及时保健，经常地梳理和清洗，以保持其优美的外表。

• 饮食要求 秋天是犬新陈代谢最旺盛的季节，食欲最好，为了增加体脂储备，准备过冬，犬食量大增，而且也变得活跃。要喂一些蛋白质和脂肪含量高的食物，以促进其冬毛的生长，消除夏季疲劳，为过冬做好准备。

• 其他 秋季气温下降，早晚温差过大，犬易受凉感冒。秋天也是犬发情、交配、繁殖的季节，其管理方法与春季基本相同。

（4）冬季保健

• 防寒防病 冬季气温寒冷，要注意犬的防寒保温，预防冬季呼吸道疾病和风湿病发生。冬季管理首先要注意犬舍(窝)的防寒保暖。将犬舍(窝)搬到向阳背风的地方，垫褥要铺厚些，并应勤换和日晒，以保持干燥；晴天还要注意适当开窗通风，保持犬舍空气清洁新鲜，预防呼吸道疾病的发生；天气晴暖的时候，要带犬外出活动，晒太阳不仅可取暖，紫外线还有杀菌消毒作用，并能促进钙质吸收，有利于犬骨骼的生长发育，防止仔犬发生佝偻病。

• 饮食要求 在寒冷的气温下会引起犬体内热能的大量消耗，因此，冬天的饲料搭配中，应增加内脏、牛奶及含维生素A和脂肪成分较多的食物，这类食物可迅速帮助犬补充热量，增强犬的抗寒能力。

● 清洁护理　洗澡忌频繁，不必天天洗澡，因为犬的皮脂分泌较慢，频繁洗澡会洗掉保护皮肤的皮脂，导致犬会出现脱皮现象。替犬洗澡时，要选用性质比较滋润的洗毛水，还要加上护毛素。帮犬洗净擦干身体后，要用风力较强的吹风机将犬毛吹干，不可让其自行风干，以免感冒。使用吹风机时要注意使用暖风，犬毛吹至九成干即可，如果用的风太热且将毛完全吹干，洗浴滋润毛发的工作就徒劳了。冬天天气寒冷，犬剪毛不能剪太短，否则犬就会失去天然的御寒屏障。在外出运动或散步时可为小型犬或被毛较短的犬穿上漂亮的薄棉外衣御寒。

7. 犬的健康防疫

犬容易发生许多疾病，有细菌性的，也有病毒性的。为了更好地保障犬的健康，定期注射疫苗是必要的，可以有效地防止疾病的发生，尤其是一些恶性的、暴发性的疾病，可以最大限度地降低疾病对犬或者对人类造成的伤害。据统计，在我国，对人类威胁较大的七种传染病中，死亡率最高的为狂犬病。保护人类的最佳手段是保证每一只犬都注射狂犬病疫苗。

（1）驱虫

要做好犬的驱虫工作，预防肠道线虫。可于幼犬 30 日龄时第一次驱虫，以后每月驱虫 1 次，6 月龄开始每季度驱虫 1 次，成年犬也应每年驱虫。

（2）免疫

幼犬一般在满月后即可断奶，但断奶后的两周内，幼犬体内还有母源抗体，母源抗体有可能对免疫接种产生干扰，为了防止母源抗体的影响，建议不能穿透母源抗体的疫苗最好在断奶15天以后（即在犬45天）接种，能穿透母源抗体的疫苗可在断奶时接种。新接手的犬只，不了解其免疫健康状况时，可以先进行传染病检查（犬瘟、细小等），隔离喂养10日后再进行疫苗接种。市场上可供选择的疫苗有多种，不管哪种疫苗，确定首免时间极为重要。下面以美国辉瑞卫佳疫苗为例说明疫苗接种流程。

①幼犬断奶后15天（45天）接种第一针传染苗（卫佳伍或者卫佳捌）；

②间隔15～21天，接种第二针传染苗；

③间隔15～21天，接种第三针传染苗；

④间隔7天，接种狂犬病疫苗。

⑤以后每年接种一次犬五联（或犬八联）和狂犬病疫苗。

二、宠物犬的洗护

1. 狗狗洗护需要的工具

（1）日常必备工具

修剪工具：指甲剪、电剪、直剪、弯剪、牙剪、宠物磨甲器、拔耳毛钳。

梳理工具：木柄梳、针梳、直排梳、鬃毛梳、开结梳。

洗护用品：专用宠物沐浴露、专用宠物护毛素、滴耳液或洗耳水、止血粉、喷壶、大浴巾和吸水毛巾、药棉球、电吹风（大型犬可备吹水机）。

（2）日常工具的选择

● 梳子的选择

选择一把好的美容梳，可以让你的狗狗受用终生。优质的美容梳精致耐用，不产生静电，不会卡毛，也不会扎疼狗的皮肤，令狗狗在梳理的过程中得到美容和放松的双重享受。

● 专业沐浴露和护毛素的选择

考虑到狗狗自身皮肤的酸碱度和在洗澡的时候有舔嘴边泡泡的习惯，所以一定要选择使用天然成分制成的宠物专用沐浴露和护毛素，以保证狗狗的身体健康。在沐浴露和护毛素的选择上，最好不要频繁更换，以免狗狗发生皮肤过敏的现象。如果在洗澡时发现狗的皮肤上忽然出现小红点或者眼周围忽然红肿，就有可能是对沐浴露和护毛素过敏了。

2. 如何为狗狗洗澡

（1）为什么要给狗狗洗澡

先给大家出一道选择题，如果现在有两只小狗在你面前，其中的一只干干净净，漂漂亮亮，而另外一只脏兮兮的，请问你会选择哪一只做自己的宠物？相信大家都会选择那只干净漂亮的，有谁会不喜欢干干净净的小狗呢！要想您的宠物狗狗招人喜欢的话，保持它的外表干净整洁可是最基本的条件了。而想让狗狗干净整洁，坚持经常给它洗澡是最直接的方法。适当的洗澡不仅能使狗狗保持清洁、卫生、美观，而且还能让狗狗的身体变得更健康。

狗的皮肤不像人类那样容易出汗，并不需要经常洗澡。给狗洗澡的主要目的，一是洗去它身上的污秽，二是洗去它身上散发出来的味道。

狗身上的污秽主要来自它在户外的活动和与小伙伴的玩闹，其次是狗狗毛下皮脂腺分泌出的油脂和其肛门处分泌物的味道。如果狗狗的口腔里有结石或牙周病等也会有口臭的产生；如果耳朵发炎了，从耳朵里也会散发出异味。

虽然狗狗有用舌头舔被毛来进行自我清洁的本能，但这对于狗狗的清洁来说是远远不够的，它身上的污秽和味道不是它用舌头舔舔就能去除的。所以给狗狗定期洗澡和进行口腔清洁就显得尤为重要。

（2）多久给狗狗洗一次澡最合理

根据狗狗脏的程度来决定是否帮它洗澡，绝不可以两三天洗一回，甚至天天洗，这样会破坏掉它自身的那层保护膜。通常情况下，在夏天 7 ～ 10 天洗一次，冬天约两周洗一次。但是游泳之后或者淋过雨的狗狗一定要洗澡。

两个月龄前的幼犬，以及生病的狗都不适合洗澡，因为它们的身体机能都比较差，抗病力弱，洗澡受凉易发生呼吸道感染、感冒和肺炎等病症，再次降低它们的身体机能。

（3）怎样正确为狗狗洗澡

在洗澡前一定要先梳理被毛，这样既可使缠结在一起的毛梳开，防止被毛缠结更加严重；也可把大块的污垢除去，便于洗净。尤其是口周围、耳后、腋下、大腿内侧、趾尖等处，狗狗最不愿让人梳理的部位也要梳理干净。梳理时，为了减少和避免它的疼痛感，可一手握住毛根部，另一只手梳理。洗澡水的温度为 36 ~ 37 ℃为宜。洗澡时一定要防止沐浴露流入犬眼睛或耳朵里。冲水要彻底，不要使泡沫滞留在犬身上，以防刺激皮肤而引起皮肤炎。

（4）洗澡的具体方法

● 洗澡前

在洗澡之前确认已经为宠物犬梳通了所有的毛发。最好在犬的耳朵中塞上棉球，预防耳道进水。

● 淋水方法

第一种，我们可以用手掩住喷水口，让水经过了我们的手掌后再淋到狗狗的身上。第二种，就是喷头与狗狗的身体零距离接触，省去了中间"冲"的距离，这样的水流也是温和的。第三种，拆掉喷头，直接淋浴。这三种冲水方法可以减轻它们的恐惧。

● 淋水顺序

从肩部开始，然后是背部、腹部、臀部、尾部，最后冲洗头部。

● 使用宠物沐浴露

先看清楚宠物沐浴露的说明，是否需要与水按比例兑匀。一般比较好的沐浴露都是需要兑水的，如果直接用原液洗，既浪费，效果也未必最佳，且原液对狗狗毛发损伤较大。在打上沐浴露后，我们应该按照一定的方向抓挠，按摩犬体。切不可乱抓，或者把毛发揉来揉去，这样会使毛发打结。

• 冲水方法

对于身体部位的冲水方法与前面介绍的淋水方法相同，注意要把犬身上的泡沫完全冲洗干净。对于头部的冲洗，应该用一只手同时遮住狗的两耳和双眼不让其进水；另一只手把喷头放在犬的头顶上，让水自然下流。

• 擦干

最好用吸水毛巾将犬体擦干。宠物专用的吸水毛巾吸湿性好，而且不会吸去油脂，可以保持犬的皮毛亮泽。还有，千万不要忘记把犬耳朵中的棉球掏出来。且此时可用棉签再次掏干净耳朵。

• 吹干毛发

先在美容台上铺好大浴巾，再把狗狗固定在美容台上。用吹水机把大部分的水吹干，最后用小吹风把每个部位完全吹干。如果是长毛犬，在吹干毛发的过程中，需配合针梳把毛发拉直。

（5）如何为狗狗梳毛

• 浴后梳理被毛方法

很多朋友存在着这样的误区：先洗澡，后吹风，最后梳毛。这是完全错误的顺序。正确的顺序是：先将毛发完全梳理通畅，没有死结，然后去洗澡，最后吹风和梳毛是同时完成的。具体步骤如下：

①在美容台上铺上大浴巾，把犬固定在美容台上。

②如果家中有吹水机，可以先用它把犬身上大部分的水吹干，然后再用小吹风按照前面的步骤操作，这样会更加快一些。

③吹风机的出风口处于所要吹风区域的上方，位置要稍高一些，同时温度不要调得太高，避免烫伤狗狗。而且较高位置能把底毛吹开，便于梳理。特别注意在吹干生殖器周围毛发时，需用一手护着狗狗的生殖器。

● 日常梳理被毛的方法

犬在春秋两季要换毛，此时会有大量的被毛脱落。大量的脱毛会附着在室内各种物体、人身上影响室内卫生，如果被犬误食还会影响犬的消化。因此，要经常给犬梳理被毛。这样不仅可除去污垢和灰尘，防止被毛缠结，而且还可促进血液循环，增强皮肤抵抗力，解除疲劳。

对于日常护理，可以事先准备好小喷壶，装有清水，有条件的建议使用宠物专用开结水。梳理的顺序同样是从上到下，从前到后，拥有双层被毛的犬种一定要把底部绒毛梳通。用开结水或清洁水把打结的部位喷湿，再用针梳或者开节梳将其挑开。具体方法：

①用喷壶把犬的周身喷一遍，可以在梳理前去除静电。

②用大浴巾顺毛，擦拭犬的背部到臀部。

③对于毛发浓密的狗狗，需要一层一层的梳理，必须要确保底绒没有打结的地方。我们应该先把犬的长毛撩起来，然后按照顺毛的方向逐层梳理。在梳理大腿内侧和腋下的时候，由于狗狗皮肤比较娇嫩，要注意不要用力过猛。这个梳理的过程中我们所用的工具主要是柄梳（针梳）。

④犬的生殖器往往会产生一些分泌物，长时间不清理会滋

生大量细菌，宠物主们要注意每天对其生殖器附近的毛发及时清理。先用开结水或清水喷湿并且搓揉粘在一起的毛发，完全揉开后再把毛发上的分泌物清理掉，可以边喷清水边清洗，最后用毛巾擦干。

最后，在梳理完犬的毛发后，吹干是必不可少的步骤。

（6）如何清洁耳道

● 耳内表层清洁

翻开狗狗的耳朵，用一只手压住，另一只手用沾有洗耳水的棉棒进行擦拭，直到外层能看到的耳垢全都清理掉为止。

清洗耳道　扫码观看

如果宠物犬耳毛过多，则需要拔去。首先把耳粉撒在耳毛上，然后用手轻轻揉搓。当耳毛上都沾有耳粉的时候就可以拔耳毛了。在拔耳毛的过程中，耳道内的毛发可借用止血钳来拔，耳道外的毛发可直接用手拔掉。

● 耳内深层清洁

首先翻开狗狗的耳朵，将洗耳水或洁耳油滴入耳道，然后堵住耳孔，用手轻揉搓耳朵根部几十秒，再放开。狗狗会自己用力甩耳朵，这样就把大部分污垢和水分甩出耳道了，也可用棉签顺着耳道进行清理。

（7）如何挤肛门腺

在洗澡的过程中，犬肛门腺的定期挤压、清理是非常重要的。这不仅仅是为了驱除狗狗身上的体臭，也可以减少肛门腺炎症的发生。挤肛门腺时的注意事项：

①一定要注意手法，应由内而外、由轻到重。

②正常的分泌物呈浅黄棕色，浓度从水样物到膏状物都有，并伴有恶臭。如果腺体已经被阻塞，分泌物会像牙膏一样挤出，而不是喷出，通常只要轻轻挤压它们便可流出来。

③如果分泌物中带有脓血，说明已被感染，或能摸到堆积物，但挤不出来，则说明肛门腺已堵，必须尽快就医处理，否则会肿胀。

（8）公共部位杂毛的剔除

狗狗的脚垫是汗腺分布较多的地方，干净的脚底有助于狗狗的散热。同时，脚掌的毛发过多，在宠物外出时容易沾上各种脏东西或弄湿，这也是臭味和皮肤病的来源之一，并易诱发寄生虫的生长。所以应防患于未然，及时进行脚底毛的修剪。

狗狗腹底毛在排尿或者哺乳时也很容易弄脏，常常打结，易引发皮肤病，又影响美观，腹底毛的清理也是必不可少的。

①修剪脚底毛的方法：用手把脚垫撑开，然后稍微捏紧脚掌，用电推（电剪）将露出的毛发推干净。超过脚趾的毛可用直剪直接剪掉，然后再梳一次，再剪，直到清理干净为止。

②腹底毛的修剪，根据犬的性别不同而有所差异。公犬：先将一只后腿抬高到身体高度，操作时头低下，与犬的腹部平行，然后先剃犬生殖器两侧的毛；再将犬的前肢往上提，让犬后肢站立，用电推从犬的后腿根部上剃至倒数第 2 对和第 3 对乳头之间，形成倒 "V"。

母犬：先将犬的一侧后腿抬起，顺着胯下部位角度推毛；

再将犬的前肢往上提，让犬后肢站立，用电推从犬的后腿根部向上剃至倒数第3对乳头，形成倒"U"。

③肛门周围毛的剃除方法：用电推直接把肛门上面的毛发剃除干净，可剃成菱形或椭圆形。

注意事项：在剃除杂毛的过程中不要剃伤皮肤。

（9）剪指甲

过长的指甲，会在运动中发生断裂造成创伤，或者反刺入肉中，这样会使狗狗趾部发炎、变形，甚至使它们开始弓背。所以，要定期为狗狗修剪指甲。

修剪方法：确认要剪的部位迅速将指甲剪掉，最后用指甲锉将不圆润的地方磨平即可。在修剪过程中注意对血线的把握。白色狗狗指甲的血线明显，剪到血线前即可。褐色或黑色的狗狗指甲的血线不容易分辨，在修剪的过程中要一点一点往里剪，防止在修剪过程中剪到血线，造成伤害。

第四讲 宠物犬常见疾病与预防

一、如何判断宠物犬是否生病

健康的宠物犬表现为被毛光洁，精神活跃，食欲旺盛，排便正常。当发现犬的行为异常时，宠物主人应及时带犬就医。

1. 看精神

犬是我们最忠实友好的朋友，当主人回家时，常在门前等候，见到主人时会高兴撒娇，摇头摆尾，甚至要抚摸或抱一抱才肯离去，显示出一种亲热友好状态；当主人离家外出时，常摇头摆尾，欢送主人，表现出依依不舍的神情。如果对主人豁然淡漠，不亲热主人，或者根本不理主人，那么宠物犬可能生病了；如果宠物犬钻黑角，或者在犬窝内不出来，双眼半团，甚至嗜睡，可能是热性病或重病。当宠物犬出现兴奋不安、尖叫、烦躁、前肢刨地、转圆圈、后退、擦肛门、咬尾巴等行为都是生病的异常表现。

2. 看吃食

健康的宠物犬采食速度快，呈狼吞虎咽状。宠物犬采食速度减慢或食量减少（排出食物因素），或出现绝食，饮水增多或减少，应考虑宠物犬是否生病。

3. 看鼻子

健康的宠物犬鼻尖是湿的且凉（除睡觉外），如果鼻尖干热，应考虑宠物犬是否生病。

4. 看大便

健康的宠物犬大便呈条状，黑褐色。如果排便姿势、次数、颜色和形状异常，应考虑宠物犬是否生病。

5. 看小便

根据宠物犬排小便的量、颜色、气味和排尿的姿势来判断其是否健康。排尿带痛，尿量增多、减少或无尿，尿的颜色异常如红色、白色，带有异常气味等都属生病的表现。

6. 看被毛

得寄生虫病、消化吸收不良、挑食、饲喂单一饲料或久病，都可引起宠物犬的被毛干枯。

7. 看耳朵

正常的宠物犬耳郭形态自然，无结痂，耳道无异物和分泌物。如耳道有臭味、流脓、流血性分泌物，搔抓耳朵，都是生病的表现。

8. 看姿态

宠物犬脚呈 X 形或 O 形，行走摇晃，或四肢僵硬，流涎，喘气等症状则是生病的状态。

二、宠物犬的常见疾病

宠物犬与人一样，也会时常受到各种疾病的困扰，面临各种意外伤害。以下为宠物犬的常见疾病。

● 常见病毒性疾病　犬瘟热、犬细小病毒、犬冠状病毒、犬传染性肝炎、犬疱疹病毒、犬轮状病毒、狂犬病等。

● 常见细菌性疾病　钩端螺旋体病、犬埃里希氏体病、诺卡氏菌病、犬副流感、结核病等。

● 常见寄生虫疾病　犬蛔虫病、犬绦虫病、弓形虫病、犬心丝虫病、钩虫病、螨虫病、蜱虫病、跳蚤及虱子病等。

● 常见内、外、产科疾病　如因误食而导致的口腔发炎、食管异物、胃炎、肠炎、感冒、肺炎、心肌炎、肝炎、便秘、膀胱炎、肾炎、骨折、脱臼、外伤、难产、子宫内膜炎、前列

腺炎、糖尿病、佝偻病等。

●其他疾病　如湿疹、中毒、中暑、冻伤、肥胖、老年多功能衰退、肿瘤等。

三、宠物犬生病的常见处理方法

宠物犬出现异常，可根据其表现症状，来决定是否到兽医院检查和治疗。一般来说，宠物犬生病了，有四种处理方法：①只观察不做任何处理；②宠物主人自己处理；③立即就医；④安乐死。宠物犬出现异常时的处理可参考以下建议。

症状	表　现	处理建议			
		观察	自用药	尽早就诊	需要急诊
高烧	超过 41 ℃				++
中毒	呕吐，抽搐，吐白沫怀疑中毒				++
咬伤	皮开肉绽，流血不止				++
撞车	被车撞伤				++
厌食	24 小时，精神好	+	+		
	48 小时，呆滞			+	
口渴	喝水多	+		+	
呕吐	吐食物，吐后又吃	+			
	吐黄色或白色液体		+	+	
	呕吐、绝食、拉稀			+	+
	剧烈呕吐、拉血				+
下痢	水样大便，有黏液			+	
	番茄汁样大便，恶臭				+

续表

症状	表 现	处理建议			
		观察	自用药	尽早就诊	需要急诊
便秘	24 小时内	+			
	48 小时		+	+	
流清鼻涕	有精神、有食欲，不发烧	+			
流脓鼻涕	白色或黄色脓性鼻液			+	
流鼻血	量多、量虽少但流血超过 15 分钟			+	
呼吸困难	用力呼吸或长时间喘气			+	+
	张口呼吸、黏膜发绀				++
尿频	小便频繁、尿多	+		+	
	次数多、排尿痛苦、血尿			+	+
排尿困难	频繁排尿，但无尿排出并伴有痛苦				+
难产	频频排尿、怪叫或腹大、不阵缩				+
外阴流血	外阴红肿，无其他症状	+			
	血中带脓，有臭味		+	+	
	血中带脓，有臭味、发烧、厌食			+	+
乳房红肿	轻微		+	+	
	严重，并伴有厌食发热等			+	
眼痛	怕光、流泪		+	+	

续表

症状	表现	处理建议			
		观察	自用药	尽早就诊	需要急诊
眼球突出	外伤、眼球脱出				+
角膜发炎	角膜混浊			+	
角膜溃疡	角膜混浊、角膜上有溃疡点				+
脱毛	稀疏脱毛，无瘙痒	+			
	脱毛严重，皮肤丘疹			+	
全身疼痛	精神不振、主人触摸身体尖叫			+	
后肢无力	行走摇晃，不能跳高			+	
后肢拖行	后肢瘫痪，拖地行走				++

四、日常防治犬病的措施

1.加强营养

给予宠物犬全面营养、充足的饮食。犬需要碳水化合物、蛋白质、脂肪、矿物质、维生素、水等六大营养物质。鸡蛋、猪肉、牛肉等富含较好的动物蛋白；大米、面粉、玉米、豆类等富含碳水化合物及植物蛋白；蔬菜中含有丰富的维生素等，科学搭配有利于宠物犬全面获取营养，提高身体素质，增强抗病能力。选择的成品天然狗粮，是保持宠物犬健康的前提。切忌长期喂食动物肝、肺等内脏。

2. 搞好犬体、饮食及环境卫生

宠物犬应每周用宠物香波洗澡，切忌用洗洁精、消洗灵或人用沐浴用品等给宠物犬洗澡。食物、饮水要清洁卫生，食具、笼具和喂养环境要定期清洗，每周预防性消毒一次。

3. 适当运动

让宠物犬适当运动，多晒太阳，有利于强化体质，以增强抗病能力。

4. 定期驱虫

仔犬 20 日龄首次驱虫，然后每月驱虫 1 次；成年犬每季度或半年体内驱虫一次；哺乳犬的驱虫可与仔犬同时进行。

5. 定期注射预防针

从市场新购回的宠物犬，应隔离观察饲养 3 ~ 4 周方可注射预防针，预防注射前或同时驱虫。初次免疫犬以每隔 2 ~ 3 周的间隔，连续注射 3 次；成年犬以 2 ~ 3 周的间隔，每年注射 2 次，或者每半年注射 1 次；怀孕母犬在产前 2 周加强免疫 1 次，注射疫苗后应留院观察 30 分钟，以便万一发生过敏反应时，及时施救。犬注射疫苗后 1 周内最好不要洗澡，注射疫苗期间应避免调动、运输和饲料管理条件骤变，并严禁与病犬接触，因注射完疫苗后 2 周才产生良好的免疫力。

6.及时发现疾病和治疗

当发现宠物犬出现精神差、嗜睡、不活跃、不接送主人、食欲减退、食量减少、生眼屎、结膜充血、鼻干热、流涕、抓耳、耳内有血性或脓性分泌物、流涎、咳嗽、大小便异常，应通过判断给犬服药或就诊。

第二部分
猫　篇

第一讲 认识猫

一、常见短毛猫

短毛猫被毛较短，紧贴皮肤，能清楚看到皮下肌肉线条，代表猫品种有英国短毛猫、美国短毛猫、俄罗斯蓝猫、暹罗猫、东方猫等。

二、常见长毛猫

长毛猫被毛常常在 10 厘米以上、毛质柔软光滑，常在春秋季大量脱毛，要经常打理，代表猫品种有波斯猫、喜马拉雅猫、布偶猫、挪威森林猫等。

三、常见无毛猫

无毛猫全身无毛或者毛量较少，代表猫有斯芬克斯无毛猫。

四、常见猫品种介绍

1. 英国短毛猫

英国短毛猫原产于英国，性格温顺，体型圆胖，四肢粗短，头大脸圆，被毛浓密，眼睛多为铜色或金色，安静不喜叫；毛色较多，常见颜色为蓝色、蓝白色、三花色等。（图 2.1）

2. 美国短毛猫

美国短毛猫原产于美国，其体型较大，脸颊丰满，躯干粗壮有力，肌肉发达，生性聪明，性格温顺、活泼，不喜吵闹，适合老人、有儿童的家庭饲养。美国短毛猫毛色有30余种，分5大类：单色、渐变色、混合毛色、烟色、斑纹色，其中最受东方人喜欢的为银白虎纹猫。（图2.2）

图 2.1　英国短毛猫　　　　图 2.2　美国短毛猫

3. 加菲猫

加菲猫又称为异国短毛猫，头大而圆，猫脸扁平，鼻短有明显凹陷，被毛浓密，四肢短小；毛色有虎斑色、黑色、阴影蓝色等；性格好静，可爱、温顺、忠诚。（图2.3）

4. 布偶猫

布偶猫原产于美国，因被抱起时全身松弛，形似一个松软的布偶而得名。布偶猫脸颊丰满，眼角上翘为蓝色，被毛浓密，四肢修长。布偶猫有3种颜色图案，重点色、手套色或双色。

这些图案中包括海豹色、蓝色、巧克力色、淡紫色、红色和乳色6种。布偶猫性格温顺、好静、对人友善。（图2.4）

图 2.3　加菲猫

图 2.4　布偶猫

5. 波斯猫

波斯猫原产于英国，头圆脸平，鼻子短且扁，眼睛的颜色有蓝色、绿色、紫铜色、金色、琥珀色、鸳鸯眼等，波斯猫眼睛的颜色一般由毛色决定；被毛蓬松浓密有光泽，毛色有白色、黑色、红色、玳瑁色等；性格安静优雅，反应灵敏，善解人意，叫声纤细动听，适应环境能力强。（图2.5）

6. 暹罗猫

暹罗猫原产于暹罗也就是今天的泰国，故又称为"泰国猫"。暹罗猫身材修长、灵活、头部呈等边三角形、肌肉结实；毛色有巧克力色、重点色、蓝色重点色、红色重点色等；性格外向活泼、运动能力强、好奇心强、黏人、聪明胆大，有"猫中之狗"
的称号。（图2.6）

图 2.5　波斯猫

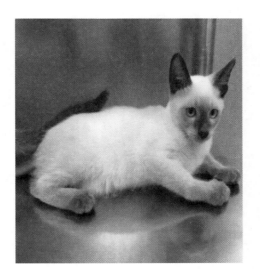

图 2.6　暹罗猫

7. 喜马拉雅猫

喜马拉雅猫原产于英国，头部宽大，形状为圆形，两耳小，
四肢短粗且直，尾巴短；脚爪和尾部的毛色与身体其他部位的
毛色相比颜色稍深，拥有独特的蓝宝石色眼睛和典型的矮脚马
体型；毛色有巧克力色、蓝色、红色等；性格安静，聪明，优雅，
反应灵敏。（图2.7）

8. 苏格兰折耳猫

苏格兰折耳猫原产于苏格兰，耳朵向前屈折、短脖子、圆
脑袋是折耳猫的典型外貌。折耳猫拥有浓密的被毛，毛色除了
巧克力色、淡紫色、喜马拉雅猫毛色斑或上述各种毛色的组合

之外都被承认；性格温和、聪明、喜欢安静地参与人的活动。（图2.8）

图 2.7　喜马拉雅猫

图 2.8　苏格兰折耳猫

9. 德文卷毛猫

德文卷毛猫原产于英国，非同寻常的大耳朵是德文卷毛猫的典型外貌特征。德文卷毛猫被毛很短，柔软呈波浪纹；毛色有白色、蓝色、乳黄色、红色银白虎斑、棕色虎斑、乳黄色虎斑重点色等；智商很高，适应力强，顽皮，像淘气的小精灵，是一只理想的家庭猫。（图 2.9）

10. 加拿大无毛猫

加拿大无毛猫又称为斯芬克斯猫，原产于加拿大，体表只有一层绒毛，皮肤多皱有弹性；性情温顺，独立性强，无攻击性，与人亲近且忠诚，是特意为对猫毛过敏的人群培育的。（图 2.10）

图 2.9　德文卷毛猫

图 2.10　加拿大无毛猫

第二讲　喂养猫

随着都市人生活节奏的不断加快，紧张的工作后回到家，看到活泼可爱的小猫咪，会使紧张的身心立刻得以放松。

猫咪与狗狗不同，爱干净，如厕习惯固定，个性安静，能够在狭小的空间中生活，又不需要带出去散步，这样的习性尤其适合工作繁忙的上班族，或是需要陪伴的老年人饲养。

猫咪不需要长时间陪伴，与人的关系并不紧密，相处的时候，心灵上既能保持独立，又彼此安慰。

养猫还可以改善您的健康。有猫咪为伴可以减轻孤独症和忧郁症；用手抚摸猫咪可以降低您的血压并减少得心脏病的危险。

一、宠物猫喂养前的准备

1. 宠物猫喂养前的心理准备

（1）责任心

养猫在给生活增添乐趣的同时，您也必须为此付出大量的时间。猫咪的平均寿命为 10 年，在这 10 年左右的时间内喂食、换水、消毒、洗澡、梳毛、打扮、陪猫咪玩耍等，这都需要主人有极强的责任心和耐心。此外，您还要常常留心观察它的健康状况，对其身体的变化予以密切注意。当猫咪年龄愈大，它就越需要主人的细心照顾。

（2）爱心

养猫咪除了每天要清理猫咪的排泄物之外，当猫咪生病时，还要带它上动物医院，细心喂药，帮它消毒伤口和做各项护理工作，所以必须要有爱心。

当您出门旅行时，必须请人代为照顾猫咪，或帮猫咪安排暂时寄宿之处。因此，当您开始养一只猫咪，就意味着您做出了一个长期的承诺，没有爱心是绝对做不到的。

（3）环境

养猫之前，首先了解你所居住的小区是否可以喂养宠物。有些住宅大楼的住户公约明文规定不得饲养宠物，所以在养猫咪之前，请先阅读您的住户公约，了解您所居住的社区是否有此规定。其次，您的居家环境是否适合养猫咪，猫砂盆的放置及猫咪活动的空间都是你养猫之前应考虑的因素。

（4）其他

①家人是否有猫咪过敏症，是否有讨厌猫咪的客观情况。如果家人有洁癖，对于室内环境要求一尘不染，痛恨任何怪味道，无法忍受家具有刮痕，那么您最好重新考量之后再决定是否养猫咪。

②经济情况。饲养宠物是一种享受，但也需要经济付出。主人给猫咪提供日常清洁用品、保健品、疫苗、玩具、梳理用具，猫咪生病时，要带去兽医院看病，都要一定的花费。因此，饲养猫咪之前必须考虑经济承受能力问题。

2.猫咪饲养前的用品准备

当您决定养猫咪以前，必须准备好猫咪生活所需的一切用品。可以到专门的宠物用品商店购买，也可根据自己的兴趣和爱好自己动手制作。

（1）猫窝

可以用塑料盆、篮子、木箱、硬纸箱等制作猫窝，注意四周打上通气孔。猫窝不用太大，猫在里边能伸直腿就可以了。猫窝底部垫以泡沫塑料、海绵或纸屑、报纸，上面再铺上旧毛巾、被单等，冬天要铺棉垫，使猫窝既保暖又舒适。猫很警觉，所以猫窝的一侧应低些，使猫卧在窝内就能观察到外边的动静，同时也方便其出入。猫窝要放在干燥、通风、僻静、不引人注意的地方，但最好能受到阳光的照射，不能放在阴冷潮湿处。如果家中养的猫比较多，可以为它们建个猫舍。

猫窝里的铺垫物要经常更换和清洗，保持清洁，没有异味。要随季节的变化，适当增减铺垫物。

（2）食盆与水碗

在选购猫咪的食盆和水盆时，要求质地坚实，容易清洗，盆底要重，盆的边缘要厚，防止猫站在盘（盆）边缘上吃食或饮水时将食盘或饮水盆踏翻。由于猫不习惯在深的容器内采食，因此食盆应选用浅的容器。猫咪的食盘有塑料制品、不锈钢制品、陶制品等，无论选哪种，容易清洗是前提条件，而水碗最好选用底重边厚的瓷碗或不锈钢碗。

（3）便盆

在给猫咪选择便盆时，宜选用塑料或搪瓷器皿制作的便盆。猫咪在使用时，盆底要铺 5 cm 厚的猫砂，以覆盖和吸收猫尿的味道。要做到便盘保持清洁，及时更换猫砂，一周至少洗便盘一次。可以用热水和肥皂清洗，应避免使用刺激性或带有特殊气味的洗涤剂，否则，下次猫就不喜欢使用。

（4）猫包

猫包是一种便于携带猫咪外出的工具，主要用于带猫看病或外出旅游。选购时，注意其透气性、舒服性、空间大小等。

（5）玩具

猫咪像儿童一样，非常喜欢玩具。猫喜欢圆形的玩具，如皮球、线球、气球等；猫还喜欢五彩缤纷的能动的玩具，如彩色的纸条、布条、逗猫棒等。此外，能吱吱叫的橡皮老鼠、能蹦跳的铁皮青蛙等也都是猫喜欢的玩具。

3. 宠物猫的选择

（1）未成年猫与成年猫

小猫(未成年猫)非常讨人喜爱,容易适应新的家庭和主人。但小猫需要更多的照料,如要训练它在何处大小便、要按时喂食等,如果生病,护理也要比大猫麻烦得多。大猫（成年猫）不需要过多的照顾,但较难适应新的环境,不容易与主人建立感情,或易与家中其他宠物发生争斗。

（2）公猫与母猫

公猫的性格热情、友好, 容易调教,不易生病。但公猫富有"冒险精神",喜欢在外游玩。发情期,会在夜间大叫。母猫则性情较温顺,聪明伶俐,善解人意,感情丰富,但胆子比较小,警惕高,即使面对主人,有时也会表现得犹豫不决。

（3）长毛猫与短毛猫

长毛猫性格较温顺、机警,食量小,比较挑食;喜欢与熟人亲近。但饲养长毛猫需要花较多时间为其梳理毛发、保持毛发干燥。短毛猫的性格相对强硬,会自己梳洗使其被毛整洁,食性很杂,不喜欢主动依附于人类,善攀能爬,捕鼠的本领也要比长毛猫强。

（4）品种猫与中国狸花猫

选择一只自己喜欢的猫咪,是每个养猫人的梦想。如果选择中国狸花猫,其优点是适应性好,便于饲养,价格低。如果你想养一只与众不同、逗人喜爱的猫,也可选择一些国外品种猫;如果你要选择一只聪明伶俐、活泼好动的猫,你可以从泰国猫、缅甸猫、日本短尾猫中挑选；如果你要选择一只温文尔雅、反应灵敏、少动爱静的猫，那么最好选择波斯猫或巴曼猫；如果你要选择一只可以被带出去散步的猫，可以选择缅甸猫、泰国猫和俄罗斯蓝猫。但品种猫的饲养费用高，饲养难度也大。

（5）选购要点

如何辨别一只健康的猫：

①用手抓住猫的后颈，猫缩成一团后，可以迅速恢复原状。

②体形似狐，面貌似虎，全身被毛均匀、密而蓬松，且富有光泽；腹部紧缩，脊背平直，四肢粗壮有力，尾巴的长度与拉直的后腿几乎相等；眼大明亮有神，耳朵短，须直硬，鼻端湿润。

③口腔呈淡红色，口内的上天棚棱道多，牙齿小、整齐而锋利。

④前肢挺直有力，后肢端正直立，前后肢呈平行状态为好。爪子排列紧密，均匀且较圆。

⑤叫声清亮，但不轻易乱叫。

二、宠物猫的日常饲养

1.猫粮的种类

（1）干粮

干粮是经过高压、加热、膨化制作成固体状食品，常制成颗粒状或薄饼状，易长时间保存，不需冷藏。干粮所含营养成分符合猫的营养标准，设计合理，能满足必需热量、蛋白质以及其他营养素，饲喂方法简便，给予量也容易调节，适口性强，因含有适量纤维素，粪便容易成形。

饲喂时要注意：因干粮含水量少，要给予充足的新鲜饮用水。由于干粮味道比较清淡，习惯了味较重食品的猫，并不喜欢吃干粮；习惯柔软食物的猫，改吃干粮时，开始加点水使之柔软或者和含水多的罐头混合，效果更好。

（2）半湿粮

半湿粮含水量为 30% ～ 35%，常制成饼状、条状或粗颗粒状，真空包装，能常温储存，但保存期不宜过长。每包重量是以一只猫一餐的食量为标准。半湿粮较柔软，适口性好，容易更换，适合老、幼猫的喂养采食。

（3）湿粮

湿粮是以鱼、肉类等为主要原料，并加入适量谷物、维生素及矿物质等，并以铁罐或铝罐等形式包装。湿粮的营养全面均衡、适口性好、容易更换；包装大小根据动物采食量而定；经过高温杀菌，如未开封，可长期保存。湿粮可与全肉型食品和干式综合营养型食品等并用，有利于猫身体健康。

罐头饲料也有以某一类饲料为主的单一型罐头饲料，如肉罐头、鱼罐头、肝罐头、蔬菜罐头等。养猫者可根据自己饲养猫的口味及营养需要，进行选择和搭配。这类饲料使用方便，罐头打开后应及时给猫饲喂。

（4）处方粮

处方粮主要是针对患不同疾病的猫(如心脏病、肾脏病等）和不同年龄段猫的生理需要和不同的病因配置成的处方食品。

（5）谨慎食品

● 肝脏　肝脏中含有大量维生素 A，但过多地摄入维生素 A 会导致肌肉僵硬、颈痛、骨头和关节变形以及肝脏疾病。

● 高脂食品　如果猫的饮食中含有大量高脂肪的鱼类或肥肉，会导致它缺少维生素 E，进而引起身体脂肪发炎而疼痛。

● 生鱼　某些生鱼中含有可破坏维生素 B1 的酶，而维生素 B1 的缺少可导致神经疾病，这对于猫咪将会是致命的。但这种酶可以通过加热而被破坏，所以一定要将生鱼烹制后再喂猫。另外，生鱼会使猫感染上寄生虫，从而再传给主人。

● 生肉　虽然猫的饮食应以肉类为主，但不宜喂它吃生肉。这会导致矿物质和维生素摄入的不均，进而引发严重的骨骼代谢紊乱。生肉也会使猫感染上寄生虫。

● 狗粮　不能用狗粮来喂猫，因为狗粮中的营养物质不足以满足猫的需求。

● 鱼肝油　在为猫补充额外的鱼肝油时，应该谨慎，如果使用不当会对其造成伤害。猫过量食用鱼肝油会导致维生素 A 和维生素 D 的摄入超量，进而引发骨骼疾病。

● 牛奶　牛奶可以提供猫身体所需要的水分、蛋白质和一部分碳水化合物，但猫无法仅靠牛奶维生。许多成年猫都有不耐乳糖症，它们没有乳糖酶，所以无法消化牛奶中的乳糖，因而在喝了牛奶后数小时会发生软便或下痢。所以猫可以喝适量或少量的牛奶，小猫绝对不能仅依赖牛奶来生长和发育。

（6）禁忌食品

● 洋葱　洋葱含有破坏猫红细胞的成分，坚决不能给猫喂洋葱，也要注意其混在肉中误食。

● 骨、鸡骨　有人以为猫能好好地嚼碎骨头，但实际上猫并不细嚼食物，多为直接吞下去。尖锐的鸡骨和骨头会有刺伤猫胃的危险，不喂比较好。

● 甜点　猫咪吃甜食会导致蛀牙或牙结石，应避免。

2. 宠物猫的喂养

（1）定时、定量、固定场所

在喂养猫咪的过程中要注意做到定时、定量、固定场所，并且要注意环境食物的温度。一般而言，成年猫每天早、晚各喂一次，生长发育期的幼猫和哺乳期母猫，可以适量增加次数。随着幼猫年龄的增加，在某一段时间里（一般是三四个月的时候）小猫咪的饭量逐渐增长，到八个月以上就保持稳定了。每天在固定的时间喂食，养成良好的吃饭习惯。饭量不要忽多忽少。猫咪的食盆和水盆要放在房间的固定地方，不要移来移去。

（2）保持环境安静

猫咪吃饭的时候不要惊吓它，不然有可能造成厌食，外界干扰，如强光、噪声、火、其他动物都会影响进食。猫食的温度要控制在 25 ℃ ~ 40 ℃，过冷、过热都会引起消化功能紊乱。

（3）注意季节、气候变化的影响

气候的变化对猫咪的影响很大。春季是猫咪择偶季节，看护的重点是防止猫咪外逃，同时也是猫咪换毛的季节，保持猫咪被毛的清洁，可防止各种微生物、体外寄生虫的增殖。夏季气候炎热，空气潮湿，猫咪怕热，对暑热的调节功能较差，主人应给猫咪准备一个凉爽、通风、干燥无烈日直射的场所，以免中暑。秋季昼夜温差较大，做好防寒保暖工作尤为重要。主人应当为猫咪提供足够数量和营养的食物，以增强猫的体力和御寒能力。冬季也要注意防寒、防止感冒。天晴日暖时，让猫多晒太阳，诱导猫多运动防止患肥胖症、糖尿病等。

（4）幼龄猫咪的饲喂

猫咪不出汗，且肾脏脆弱，不需要吃添加盐分的食物，否则掉毛、易病。正确的做法是 2 个月以内，买幼猫猫粮，用热水泡软适量喂食。2 ~ 12 个月直接喂幼猫猫粮，分量以每天能吃完为宜，偶尔加餐幼猫罐头或煮熟的鱼肉。猫粮旁边必须保证有白开水喝，不宜过多，应每天更换。

总之，科学合理的喂养方法，才能保证猫咪的健康。

3. 注意事项

（1）主人要与猫咪培养好感情

猫咪的自尊心很强，不要指望猫咪会一直顺从地听从您的命令。猫咪性格敏感，对它的态度要温和，不能任意训斥和打骂它，如果它犯错可以适当地训斥。要想得到一只猫咪的信任和友谊，并非一件容易的事，要有耐心，让猫咪逐渐产生好感。

（2）保持清洁卫生

猫舍要经常打扫，铺垫物要经常晾晒和更换，食具要经常洗刷和消毒，同时要注意主人自身的卫生情况。如果猫身上有蚤、虱等寄生虫，或者感染皮肤病，很容易传染给主人。

（3）做好安全防护

猫咪的运动能力强，尤其是跳跃能力非常强，因此家中一定要采取安全措施，以防发生意外。例如，不需要的空玻璃瓶、空罐头要扔掉；盛颜料、油漆的盒子要盖紧；使用杀虫剂和灭鼠药等之前一定要看清说明书，保证家中的猫咪不会因误食而受到伤害。住在楼上的居民窗户最好装上纱窗，以防猫咪跳出窗外而坠落。

三、宠物猫的日常调教

1. 机械刺激

机械刺激是指训练者对猫所施加的机械作用，包括拍打、抚摸、按压等作用。机械刺激属于强制手段，能帮助猫做出相应的动作，并能固定姿势，纠正错误。比如猫喜欢上床或钻被窝，拍打猫的臀部，这样多次后就可改变猫上床的坏习惯。机械刺激的缺点是易引起猫精神紧张，对训练产生压抑反应。

2. 食物刺激

食物刺激是一种奖励手段，效果较好，所用的食物必须是猫喜欢吃的。只有当猫对食物发生兴趣，才会收到良好的效果。训练开始阶段，每完成一个动作，就要奖励猫吃一次食物，以后逐渐减少，直到最后不给食物也能完成动作。在实际训练中，将两种刺激方法结合，效果更佳。

3. 条件刺激

条件刺激包括口令、手势、哨声、铃声等。常用的条件刺激是口令和手势，特别是口令，是最安全的一种刺激。在训练中，口令要和相应的非条件刺激结合起来，才能使猫对口令形成条件反射。各种口令的音调要有区别，而且每一种口令的音调要保持一致。

手势是用手做出一定姿势和形态来指挥猫的一种刺激，在对猫的训练中，手势有很重要的作用。在手势的编创和运用时，应注意各种手势的独立性和易辨性。每种手势要定型，运用要准确，并与日常惯用动作有明显的区别。

4. 宠物猫训练的原则

①训练时要将各种刺激和手段有机地结合起来，既不能态度强硬，又不能任其自由，要刚柔并济，宽严结合。但训练某个动作时，不可采用过多的方式，以免猫咪无所适从。

②训练时态度要和蔼，要有耐心。猫咪的性格倔强，自尊心很强，不愿听人摆布，所以，态度要和气，像是与猫咪一起玩耍一样。即使它做错了事，也不要过多地训斥或惩罚，不然猫咪对训练有了厌恶性反射，将影响所有的训练过程。

③训练时要循序渐进，不能操之过急。一次只能教一个动作，切不可同时进行几项训练。猫咪很难一下子学会许多动作，如果总是做不好，也会使猫咪丧失信心，引起猫咪的厌烦情绪，给以后的训练带来困难。每次的训练时间不宜过长，不要超过10分钟，但每天可多进行几次训练。

④训练的环境要安静，训练的动作不能太突然。不能发出巨大的响声，因猫咪对巨响或突如其来的动作非常敏感，以免把猫咪吓跑，躲藏起来，而不愿接受训练。也不能几个人同时训练，以免分散猫咪的注意力。

⑤掌握好训练的时机。训练猫咪的最佳时间是在喂食前，因为饥饿的猫咪愿意与人亲近，比较听话，食物对猫咪有诱惑力，训练起来比较容易。

宠物猫的训练可能是一个很漫长的过程，而且，并不是所有的宠物猫都会训练成功。每个宠物猫都有自己的性格和个性，如果一些习惯没有办法改变，主人也就不要太过于计较，只要不影响生活。特别注意的是，幼猫训练应在 2～3 月龄时开始。

第三讲 护理猫

一、宠物猫的日常保健

1. 新生仔猫的喂养与护理

从出生至断奶期，幼猫的生长完全依赖于母乳，一般不会出现严重情况，但是喂养过程中还是会遇到各种问题。如缺少母乳、乳原疾病，或者母猫死亡等，所以新生仔猫的喂养很重要。

（1）母乳喂养

猫与人类不一样，在生产过程中并不传递抗体（免疫球蛋白），而是通过初乳将抗体传给幼猫。分娩后一天或两天内的初乳含有丰富的免疫球蛋白，这些抗体不会被消化，在新生幼猫生命最初的 24 小时内，抗体会被消化道吸收，进入幼猫的血液，从而起到抵抗疾病的作用。这种免疫保护作用会持续 4 ~ 6 周，随后幼猫的自身免疫系统逐渐完善，有足够的能力去抵抗病毒的侵害。

（2）人工哺乳或寄养

● 人工哺乳与寄养的原因

①母猫完全不能分泌乳汁。

②母乳分泌不够，随着生长发育，幼猫对母乳的需求逐渐增大。第三到第四个星期达到顶峰，随后幼猫进入断奶期。若幼猫体型较大或母猫乳汁分泌不够，母乳无法满足其生长发育的需求时，需补充一些代乳品直至断奶期。

③毒乳症。母猫患了乳腺炎，导致乳汁含有病毒或细菌，造成幼猫腹泻，甚至死亡。

④母乳中含有药物。许多药物服用以后会进入母乳，尤其是抗生素，会破坏肠道菌群，引起幼猫腹泻。

● 人工哺乳或寄养的方法

若幼猫在出生后 24 小时内无法吃到初乳，必须找到替代品。没有吃到初乳的幼猫，缺乏免疫能力保护，5 周前特别容易受到感染，死亡率极高。

使用代乳母猫，是最简单的解决方法。可以将幼猫直接放在代乳母猫旁边，吮吸初乳。代乳母猫与猫仔妈妈若生产在同一天或者生产时间相近为最佳。

- 人工哺乳的护理方法

在人工哺乳时，还应模仿母猫哺乳时舔舐仔猫来刺激其排尿、排粪的动作，可用棉棒轻轻敲打和摩擦仔猫的外生殖器，当仔猫开始排泄时，要及时用手纸将排泄物擦干净，边排边擦，直到仔猫排完为止。排泄后，若肛门出现红肿，可以擦点红药水或红霉素眼药膏。

在给仔猫哺乳时，还要注意保温，出生 24 小时以内的仔猫，最适宜的温度是 32 ℃，需要放在恒温箱内或用红外线灯保温。两周内，温度逐渐降至 27 ℃，再过两周降至 21 ℃。仔猫出生后，在窝里排便。这时，应特别注意猫窝的卫生，勤换、勤晒、勤消毒，保持猫窝的干燥、卫生、无菌，以提高成活率，并促进仔猫健康生长。

2. 断奶后幼猫的喂养与护理

（1）喂养

幼猫断乳后，生长发育加快。这时要特别注意喂给幼猫富含蛋白质和脂肪的食物，多喂点瘦肉、肝，适当加点钙、磷等矿物质，以提高食欲。猫长到 90 日龄以后体质增强，对外界抵抗力增强，消化能力增强。定时喂食，最好 12 周龄前每天 4～6 餐，6 月龄前每天 3 餐，6 月龄以后一天 2 餐即可。

（2）护理

幼猫与母猫分开后，要将其放在事先准备好的猫窝里，猫窝里要有幼猫曾用过的布片、垫子，再放置一个热水袋。幼猫可以从垫子、布片上嗅到母亲或自己的气味，从热水袋中感受

到母体的温暖，形成与母猫分窝前一样的环境。幼猫安顿好后，不要让任何人去挑逗它，猫窝也不要随意挪动，睡觉时不要去干扰它。同时要监测幼猫的体温变化，防止因体温降低带来的一系列问题。

3. 成年猫的保健与护理

①保证随时有新鲜的饮用水。

②喂食猫粮。猫粮不仅含有猫所需要的各种营养成分而且应味道鲜美。

③补充食物。每只猫大小不一，生活习惯不同，所需的营养成分和含量也有所不同，因此要在不能满足营养的饮食中添加一定量的营养成分，可以根据需求适当添加牛磺酸、维生素、蛋白质等以满足猫的需要。同时，为了丰富猫的食谱，也可以适时喂猫一些煮熟的新鲜鱼肉、鸡肉，但要注意去除骨头。

4. 老龄猫的保健与护理

猫的平均寿命在 13 ~ 14 年。但是在临床上发现，猫超过 8 岁后器官功能会有显著的变化，那么应怎样照顾老龄猫呢？

（1）环境需求

老龄猫的代谢速率会逐渐下降，活动力降低，身体对于能量的需求会减少，对于体温的调节能力也会下降，导致老龄猫对于冷或热的耐受能力下降。因此，要保持冬暖夏凉的环境。

（2）随时关注老龄猫的健康状况

老龄猫的睡眠会变得更容易间断，不易沉睡，显得较为不安。整个身体内脂肪占的比例会升高，皮肤失去弹性且被毛显得没有光泽，梳洗及排泄的习惯改变，免疫能力下降，导致猫较易患传染病、肿瘤及免疫性疾病。因此要随时注意其健康状况。

（3）饮食需要

老年猫的最佳食物为鱼肉、鸡脯肉。猫上年纪后，牙齿和内脏功能衰退，所以食物要以柔软易消化的为主，减少每次的饮食量，增加饮食次数，少吃含脂肪多的食物。如果牙齿脱落，吃不了干性食物时，先用水或专用的牛奶将食物浸软后再给它吃。市面上有老年猫专用的猫粮卖。值得注意的是，猫由于年老，调节食欲的神经系统麻痹，极易得饱食症，应适当调节饮食量。

二、宠物猫的洗护

1. 猫咪洗护需要的工具

（1）日常必备工具

猫咪洗护的日常必备工具有指甲刀、排梳、针梳、专用沐浴液、专用护毛素、洗眼水、洗耳水（或滴耳油）、止血粉、喷壶、吸水毛巾、棉球（棉签）、拔耳钳、电吹风、洗毛笼，以及宠物用牙膏、牙刷等。

（2）梳子的选择

选择一把好的美容梳，可以让你的猫咪受用终生。优质的美容梳精致耐用，不产生静电，不会卡毛，也不会扎疼猫的皮肤，令猫咪在梳理的过程中得到美容和放松的双重享受。

（3）专用沐浴液的选择

因为猫咪自身皮肤的酸碱度和洗澡时舔嘴边泡泡以及平时

自身清理毛发的习惯，所以一定要选择用天然成分制成的猫用沐浴液，以保证猫咪的身体健康。最好不要频繁更换沐浴液，以免猫咪发生皮肤过敏的现象。如果在洗澡时发现猫的皮肤上忽然出现小红点或者眼周围红肿，有可能是对沐浴液过敏了。

2. 如何给猫咪洗澡

猫的洗澡方法分为干洗、擦洗和水洗三种，水洗方法最常用。

（1）猫的干洗方法

如果猫特别抗拒用水洗澡，可用猫专用的干洗剂。干洗方法只适用于不太脏的短毛猫。干洗的方法为：将猫全身喷洒上干洗剂后，轻轻按摩揉搓，再用毛刷梳理被毛，即可达到清洗的效果。

（2）猫的擦洗方法

①将两手沾湿从猫的头部逆毛抚摸 2～3 次，然后顺毛按摩头部、背部、胸腹部，直到擦遍全身，将被毛上附着的污垢和脱落的被毛清除掉。此时也可使用少量免洗沐浴液在猫的被毛上涂抹揉搓。

②用毛巾将猫身上的水快速擦干，再用吹风机吹干。

③用干净的毛刷轻轻刷拭猫的全身被毛，腹部和脚爪也要认真刷拭。

（3）猫的水洗方法

①洗澡前，先将猫的毛发梳顺，把打结的地方梳开，用棉球将两只耳朵塞紧。

②调节水温 37～38 ℃。

③先从猫的足部开始淋湿，让猫逐渐适应水的温度；然后从颈背部开始，依次将全身冲湿，最后淋湿头部。

④涂抹沐浴液。按照颈部、身躯、尾巴、头部的顺序，将适量的沐浴液涂抹在猫的身上，轻轻揉搓，注意不要忽略屁股和爪子的清洗。

⑤冲洗。按照颈部、胸部、尾部、头部的顺序将猫全身的泡沫冲洗干净。

⑥先用吸水毛巾将猫包起后擦干，再用吹风机将全身被毛吹干，切记吹风机的温度不可过高。如果猫咪过于敏感，可放在猫笼中进行。

⑦毛吹干后，再次梳理猫的被毛。

3. 如何给猫咪梳毛

（1）猫咪梳理毛发的原因

皮肤和被毛是猫的一道坚固的屏障，可以保护机体免受有害因素的损伤；在寒冷的冬天，还具有良好的保温性能；在夏天，又是一个大散热器，起到降低体温的作用。

梳理猫的被毛，不但可以增进人与猫之间的感情，而且还有益于猫的皮肤健康。被毛的梳理是护理的第一步，也是最重要的一步，通过梳理能够去除死毛和死皮，促进血液循环，有利于被毛的生长，同时还能刺激皮肤均匀分泌油脂，增加被毛光泽，起到皮肤保健的作用。而且，梳理被毛不但可以初步改变猫的整体形象，也是后续美容操作的基础。

此外，猫有舔食被毛的习惯，平时猫的身体表面总会有少量脱落的被毛，到了换毛季节，脱毛现象严重，猫一旦将脱落的被毛吞进胃里，极易引起毛球病，造成猫消化不良，影响猫的生长发育。所以经常为猫梳理被毛，可达到及时清理脱落被毛的目的，防止毛球病的发生。

（2）短毛猫的梳理

①用针梳顺着毛的方向由头部向尾部梳理。

②梳理后，可用丝绒或绸子顺着毛的方向轻轻擦拭按摩被毛，以增加被毛的光泽度。

梳理顺序：先从背侧按照头部、背部、腰部的顺序进行；然后将猫翻转过来，再从颈部向下腹部梳理；最后梳理腿部和尾部。短毛猫因为毛质较硬，毛发较短，每周梳理两次即可，每次约30分钟。

短毛品种平时进行被毛护理时，使用一块柔软湿布轻轻抚摸被毛，即可达到去除死毛和污垢的作用。当被毛污垢很明显时，可去美容店进行清洗。

（3）长毛猫的梳理

①长毛猫要每天刷毛1次，每次5分钟。

②用钢丝刷清除体表脱落的被毛，尤其是臀部应特别注意用钢丝刷刷理，此部位脱落的被毛很多。

③刷子和身体形成直角，从头至尾顺毛刷理；当被毛污垢较难清除时，可少部分逆毛刷理。

④用宽齿梳逆向梳理被毛，梳通缠结的被毛，有助于被毛蓬松，还能清除被毛上的皮屑。

⑤用密齿梳进行梳理。颈部的被毛用密齿梳逆向梳理，可将颈部周围脱落被毛梳掉，同时形成颈毛。

⑥面部的被毛用蚤梳或牙刷轻轻梳刷，注意不要损伤到猫的眼部。

4. 如何清洁耳道

①检查耳朵，看看有无发炎的迹象。

②用蘸上滴耳油的棉球将耳内的污垢擦干净。用棉球以转圈的方式为猫清洗耳朵，绝不可以将棉签伸入耳中心。擦拭时需要一人控制猫的头部，防止在操作过程中猫的头部摆动，伤到耳朵；另一人用一只手将猫的耳郭翻开，另一只手用棉球擦拭。动作要轻，先外后内，给猫以舒适感。如果猫习惯了，可让猫侧躺在操作台上，一只手控制，另一只手操作即可。

③如果长毛猫耳道内的耳毛过长，会黏有耳道分泌物及灰尘，阻塞耳道，影响猫的听力甚至由于污物积存过多会引发中耳炎。可将过多的耳毛拔除，操作的方法是：首先将猫控制住，将适量耳粉倒入猫的耳内，轻揉，待耳粉分布均匀后，用止血钳夹住少量的毛用力快速拔出，先拔除靠近外侧的耳毛，再向内拔，给猫一个适应的过程。这种操作最好一次性完成，可减少猫的紧张感与疼痛感。

5. 如何修剪趾甲

①把猫放到膝盖上，从后面抱住，也可用专用猫固定袋。轻轻挤压趾甲根后面的脚掌，趾甲便会伸出来。

②用锋利的趾甲剪剪去白色的脚爪尖，避免剪到粉红色的部分。趾甲根处呈粉色的部分有血管通过，所以不要剪到血管，以防出血。如果出血，可用止血粉止血。不要忘记剪"狼指"。

6. 如何清洁眼睛

①如果发现猫咪眼睛有分泌物，应用棉球蘸水清洗干净或用专用滴眼液清洗。

②轻轻地用棉球擦洗眼睛的周围部分，不可用同一棉球清洗两只眼睛，以免传染。

③用棉球或纸巾抹干眼睛周围的毛。若是长毛猫要为它擦去眼角的污渍。不要碰到猫的眼球。

④发现猫咪的眼睛出现眼疾，应及时就医。

7. 如何护理牙齿

①在手指上缠上清洁的纱布或用棉签，蘸上淡盐水擦拭它的牙齿及按摩它的牙床。

②用专用猫牙刷、专用牙膏为其清洁牙齿，每周清洗一次。为猫刷牙时需要一人控制，另外一人将适量的牙膏涂在牙刷上，让猫嗅一下牙膏的味道，使它习惯。刷牙的时间不宜过长，清洁时用力要轻柔，将牙齿上下左右全部刷拭一遍，刷拭结束后，用清洁的纱布将口腔内的牙膏等残留物擦拭干净。

③经常喂食一些干硬的食物，饭后喝水，也可起到预防牙垢和牙龈疾病的作用。还可以为猫准备棉绳或剑麻类玩具，通过啃咬来起到清洁牙齿的作用。

第四讲 宠物猫常见疾病与预防

一、如何判断猫咪是否生病

关心猫的健康，需要时刻关注猫的精神状态和行为反应，及时发现异常，并请专业兽医师进行诊治。

在日常饲养中，可以从以下几点判断猫的健康状况。

①看眼睛：眼眶红红的，眼内角有泪痕或有过多眼泪分泌，表示眼睛有炎症。

②看鼻子：有明显鼻涕流出，鼻涕从清澈变成黄绿色，甚至会有带血的鼻脓分泌物，表示已经发展成慢性鼻炎。

③看耳朵：翻开猫的耳朵检查，若发现大量黑色耳垢，伴有甩头、瘙痒的行为表现，可能是耳朵发炎或者感染耳螨。

④看口腔：如果出现口臭，那可能提示口腔炎症甚至内脏出现问题，如肾病。

⑤看呼吸：如果猫呼吸过快，就要尽快向兽医询问。如果需要就诊，在这过程中要注意让猫安静放松。如果猫一天之内反复打喷嚏，甚至伴随眼泪和鼻涕，也要尽快就医。

⑥看呕吐：猫有舔毛的习性，舔毛过多会呕吐是正常现象，但如果猫每天都呕吐，就需要特别注意，这可能提示肠胃或者其他器官有炎症，要仔细观察猫呕吐的症状、次数、呕吐物形状、颜色等，把这些详情提供给兽医参考。

⑦看排便：猫正常的粪便较硬、较短。如果食用湿粮或喝

水以后，可能会排软便。如果拉肚子情况严重，有血便及呕吐时，会造成猫咪严重脱水，精神和食欲变差，提示急性肠胃炎、猫泛白细胞减少症、癌症等，严重时会危及猫咪的生命。如果粪便上有面条样或米粒大小的虫，提示是有寄生虫；粪便灰白色，同时有呕吐、食欲变差的症状，提示是肝病或胰腺炎；黑色焦油状下痢，提示是胃和小肠的疾病。

⑧看进食：猫原本是不爱喝水的动物，如果喝水量突然大大超过往常，就要注意是否有泌尿系统的疾病。猫的食欲下降甚至不吃，是很多疾病的表现，如发现应特别注意。

⑨看异常行为：猫用肛门摩擦地面时，有可能是因为感染寄生虫或是肛门腺发炎，也有可能是肛门周围皮肤病，发现后要及时就诊确认病情，并驱虫消炎。过度舔毛可能意味着猫患有过敏性皮炎、心理性过度舔毛等问题，要及时观察并排除症状。

二、猫的常见疾病与意外

在日常生活中，由于猫生性活泼，好奇心重，也避免不了生病和各种意外。猫的常见疾病和常出现的意外有：

①传染病——猫瘟热、传染性腹膜炎、流行性感冒、皮肤真菌病等。

②寄生虫病——弓形虫病、蛔虫病、疥螨病、跳蚤引起的疾病等。

③其他常见病——湿疹、感冒、中暑、肺炎、胃肠炎、胃

毛球阻塞、口炎、肾炎等。

④常见的意外——触电、坠楼、窒息、灭鼠药中毒等。

三、猫病日常防治措施

1. 加强营养

给予猫咪营养全面、充足的饮食。猫咪需要碳水化合物、蛋白质、脂肪、矿物质、维生素、水等六大营养物质。牛奶、鸡蛋、猪肉、牛肉等富含较好的动物蛋白，大米、面粉、玉米、豆类等富含碳水化合物及植物蛋白，蔬菜中含有丰富的维生素等，科学搭配有利于猫咪全面获取营养，提高猫咪的身体素质，增强抗病能力。在没有时间准备猫粮时，最好是饲喂优质成品猫粮，切忌长期饲喂动物肝脏。

2. 搞好猫体、饮食及环境卫生管理

猫咪应定期用宠物沐浴液洗澡，切忌用洗洁精、消洗灵或人用沐浴用品等给猫咪洗澡。猫粮、饮水要清洁卫生，食具、笼具和饲养室要定期清洗，每周预防性消毒一次。

3. 适当运动

为猫咪准备一些玩具，为其提供运动机会，多晒太阳，有利于强化体质，增强抗病能力。

4. 定期驱虫

一般幼猫 4～8 周龄首次驱虫，6～12 月龄驱虫 1 次；成年猫每季度或半年驱虫 1 次。

5.定期注射预防针

从市场新购回的猫咪，应隔离观察喂养3～4周方可注射疫苗，预防注射前可同时驱虫。猫咪疫苗通常有猫传染性鼻气管炎、猫杯状病毒、猫白细胞减少症三联苗、狂犬病苗等。幼猫初次免疫至少达到8～9周龄，其中3～4周的间隔，连续注射2次；成年猫咪每年注射1次，狂犬病苗一年免疫1次。注射疫苗后应留院观察30分钟，以防发生过敏反应时，及时施救。注射疫苗后1周内最好不要洗澡。

四、人与猫共患病预防守则

人与猫之间共同传染的疾病较少，危害通常不大，如果能做到以下几点，具有良好的卫生观念和习惯便不足以为患。

①免疫力低下的人要避免和病猫接触。

②保持家中环境整洁。

③减少猫外出。

④不要和猫过分亲热，尤其不要用嘴直接接触猫。

⑤经常洗手，尤其是清理完猫砂以后。

⑥被猫咬伤、抓伤应及时用洗手液或肥皂清洗伤口，并及时就医。

⑦适当使用除蚤剂。

⑧定期给猫驱虫、接种疫苗。

五、正确对待流浪猫

对于流浪猫，我们该怎么正确对待它们呢？

①不要遗弃家猫，没有了遗弃，猫也就无须流浪。

②不要频繁给流浪猫投食，来自人类的食物源会使得流浪猫聚集在小范围区域内，导致流浪猫的繁殖速度增快，从而无法控制流浪猫的数量。

③有些宠物机构会收留流浪猫，为其清洁，打疫苗和做绝育手术，如果想养猫，可以从这些机构领养，将其带回家好好爱护。

④要理解政府为控制流浪猫数量而采取的措施。

第三部分
鱼 篇

第一讲 认识观赏鱼

一、认识金鱼

金鱼是我国最早饲养的一种观赏鱼。 金鱼是由野生鲫鱼人工培育而来的。据史料记载，到明朝时期，金鱼的饲养已在民间广泛流行，也把金鱼作为观赏之物。到 17 世纪，我国的盆养金鱼传到日本；后来又传到欧洲各国，到 18 世纪传至全世界。目前全世界流行的金鱼以中国种和日本种最多，在世界各地形成较稳定的金鱼品种有 300 多种。

金鱼的饲养是由皇宫传到民间并逐渐普及开来的。品种也由单一的金鲫鱼，发展形成现在丰富多彩的品种，如水泡、狮头、虎头、龙睛、朝天龙、珍珠鳞、鹤顶红等。金鱼按体型可以分为四大品系：文种金鱼、草种金鱼、龙种金鱼、蛋种金鱼。

1. 文种金鱼

文种金鱼的主要特征是身体短圆、嘴尖、眼小、尾大、尾鳍叉多在四叶以上。文种金鱼色彩非常丰富，有红色、白色、紫色、蓝黄色、五色杂斑等。文种金鱼分 6 种类型：头顶光滑为文鱼型；头顶长有肉瘤为高头型；头顶肉瘤发达并包向两颊，眼陷于肉内为虎头型；鼻膜发达形成双绒球为绒球型；鳃盖翻转生长为翻转型；眼球外带有半透明的泡为水泡眼型。

2. 草种金鱼

草种金鱼主要特征是体型近似鲫鱼，是金鱼中最古老的一种，是目前大面积观赏水体中的主要金鱼种，身体侧扁呈纺锤形，颜色鲜艳，有背鳍，胸鳍呈三角形，长而尖。草种金鱼的尾鳍有长尾和短尾之分，短尾者一般称为草金鱼；长尾者称为长尾草金鱼或称燕尾。

草金鱼体呈纺锤形，尾鳍不分叉，背、腹、胸、臀鳍均正常。体质强健，适应性强，食性广，容易饲养。体色除红色外，还有红白花、五花等。草金鱼对鱼饵的沉降很敏感，能随人的节拍声列队游行，适合于公园及天然水域中大面积饲养。

燕尾体短而尾长，尾长超过身长一半，尾鳍后面分叉似燕子尾形，故名燕尾。燕尾性情活泼，易饲养，是比草金鱼进化程度更高级一些的鱼种，是由古时输往海外的双尾金鲫鱼原始类型发展而来。在花色上，燕尾除红、白以及红白相间的花色外，还有玻璃花和五花等花色。

3. 龙种金鱼

龙种金鱼是金鱼的代表品种，也是主要品种。其主要特征是体形粗短，头平而宽；眼球形状各异，有圆球形、梨形、圆筒形及葡萄形，膨大突出眼眶之外，似龙眼，鳞圆而大；臀鳍和尾鳍都成双而伸长，尾鳍四叶，胸鳍长而尖，呈三角形。

龙种金鱼有50多个品种，名贵品种有凤尾龙睛、黑龙睛、喜鹊龙睛、玛瑙眼、葡萄眼、灯泡眼等。

龙种金鱼分7种类型：头顶光滑为龙睛型；头顶具肉瘤为虎头龙睛型；鼻膜发达形成双绒球为龙球型；鳃盖翻转生长为龙睛翻鳃型；眼球微凸，头呈三角形为扯旗蛤蟆头型；眼球向上生长为扯旗朝天龙型；眼球角膜突出为灯泡眼型。

4.蛋种金鱼

蛋种金鱼的主要特征是体短而肥，形如鸭蛋，无背鳍；有成双的尾鳍和臀鳍，尾鳍的长、短和形状差异较大；体色有红色、白色、蓝色、紫色黑色、花斑及五花等。

蛋种金鱼分7种类型：尾短为蛋鱼型；尾长为丹凤型；头部肉瘤仅限于顶部为鹅头型；头部肉瘤发达并包向两颊，眼陷于肉内为狮头型；鼻膜发达形成双绒球为蛋球型；鳃盖翻转生长为翻鳃型；眼球外带半透明泡为水泡眼型。

二、认识热带鱼

热带鱼，多指生活在热带气候环境的淡水鱼和海水鱼。一般观赏型热带鱼是指在热带淡水中所产的鱼类，有些特别的种类，原本是属于海水热带鱼，但是经过人为长期的培育以后，已经习惯于淡水生活。此外，还有一些本来并不产于热带地区，而是产于亚热带地区的品种。

目前世界上比较常见的热带鱼有近千种，它们分布地域极广，品种繁多，大小不等，家庭饲养的观赏型热带鱼有500～600种。其中，热带淡水观赏鱼较著名的品种有三大系列：一是灯类品种，如红绿灯、头尾灯、蓝三角、红莲灯、黑莲灯等，它们小巧玲珑、美妙俏丽、若隐若现，非常受欢迎；二是神仙鱼系列，如红七彩、蓝七彩、条纹蓝绿七彩、黑神仙、芝麻神仙、鸳鸯神仙、红眼钻石神仙等，它们潇洒飘逸，温文尔雅，非常美丽；三是龙鱼系列，如银龙、红龙、金龙、黑龙鱼等，它们素有"活化石"美称，名贵非凡。

1. 红绿灯鱼

红绿灯鱼又名霓虹灯鱼、霓虹脂鲤，属脂鲤科。红绿灯鱼体形娇小，体长 3 ~ 4 cm，全身笼罩青绿色光彩。红绿灯鱼最主要的特征是身体两侧侧线上方有一条浅蓝色霓虹纵带，从眼部直至尾柄，在光线折射下既绿又蓝，尾柄处鲜红色，游动时红绿闪烁。红绿灯鱼宜群养，少养不易被发现，失去观赏价值。红绿灯鱼的幼鱼不宜与大型鱼混养，以免被大鱼误食。红绿灯鱼的成鱼可与温和性的大型鱼混养。红绿灯鱼喜弱酸性的软水，适宜水温 22 ~ 24 ℃。

2. 宝莲灯鱼

宝莲灯鱼又名新日光灯鱼。宝莲灯鱼体侧扁，呈纺锤形，体长 3 ~ 4 cm，鱼体背部棕红色，最主要的特征是身体背部有一条明显的蓝绿色带，各鳍都透明无色，尾部鲜红色。在光线的照射下，宝莲灯鱼能变幻出各种色彩，极为美丽，如霓虹灯一样。宝莲灯鱼生性温和，活泼好动，可以和其他小型热带鱼混养。宝莲灯鱼适宜水温为 24 ℃左右，水的酸碱度为中性偏弱酸，喜软水和老水，不喜强光，胆小，需多种水草供其隐蔽，主食动物性饵料。

3. 地图鱼

地图鱼又名尾星鱼，属丽鱼科。地图鱼有白地图、红白地图等多个品种。地图鱼体侧扁，呈椭圆形，头大、嘴大、体型粗大，体长 25 ～ 30 厘米；鱼体呈黑褐色，散布着不规则的金色斑块，间镶红色条纹，形如地图而得名。地图鱼的背鳍很长，直达尾鳍基部，尾鳍后缘圆形，有一个金色环，状如眼睛，闪闪发光，似夏夜星光，故又名尾星鱼。地图鱼性情凶猛，吃动物性饵料，还会吃小鱼，故不应和其他鱼类混养。地图鱼对水质要求不高，水的酸碱度 6 ～ 8 都能适应，水温宜为 20 ℃以上，水族箱要大。

4. 孔雀鱼

孔雀鱼又名彩虹鱼、百万鱼、库比鱼。孔雀鱼因体形修长，有美丽的花尾巴而得名。雄鱼体长可达 3 cm，尾长占体长的 2/3 左右；雌鱼体长可达 5 厘米，尾长占体长的 1/2 以上。雄鱼体色鲜艳，有红、橙、黄、绿、青、蓝、紫等色，尾铺有 1/3 行大小致。排列整齐的黑色圆斑点或有一个彩色大圆斑，好似孔雀尾毛上的圆斑。尾鳍形状有 10 余种，有圆尾、三角尾、旗尾、火炬尾、琴尾、齿尾、燕尾、上剑尾、下剑尾、裙尾等。雌鱼体色比较单调，除尾鳍呈鲜艳的蓝、黄、绿、淡蓝色，有大小不等的黑斑点外，其他鳍条一般。经过几代杂交的选择，孔雀鱼的体色花纹千变万化，有的满身银光闪闪，有的像蛇皮斑纹，有的尾鳍红似火，有的全身淡紫，有的半身全红、半身全黑，有的分段为绿、红、黑色。孔雀鱼虽小，但体色丰富多彩，可群养或与其他温和性品种混养。

5. 斑马鱼

斑马鱼又名花条鱼。斑马鱼体呈纺锤形，尾部侧扁，尾鳍分叉，体长可达到 6 cm 甚至更长，斑马鱼的颜色美丽，整个鱼体的基色为黄色，背部为橄榄色，身上间杂有多条蓝白相间的条纹，与身体并行直达尾部，形同斑马，故称斑马鱼。斑马鱼有十几个品种，它们主要的区别在于鱼体上的斑纹多少、宽窄程度及体色鳍形的变化。斑马鱼性情温和，活泼，好结群。斑马鱼对水质无特殊要求，适宜水温为 25 ℃。

6. 泰国斗鱼

泰国斗鱼又名暹罗斗鱼、斗鱼、搏鱼。泰国斗鱼体形呈纺锤形，稍侧扁，野生的鱼体长 5 ~ 8 cm，人工饲养的体长可达 8 cm，雄鱼体形较小。泰国斗鱼的背鳍、臀鳍、尾鳍都特别宽大，尤以雄鱼更为突出，尾鳍呈火炬形，各鳍均为蓝色，眼睛黑色，雌鱼颜色较浅。泰国斗鱼的体色较为鲜艳，有鲜红、紫红、草绿、艳蓝、墨黑、杂色等。泰国斗鱼以好斗著称，但搏斗只在成熟的雄鱼之间进行。雄鱼不与雌鱼或其他品种的热带鱼相斗，雌鱼间也不相斗，因此不能将成年的雄鱼放在一起饲养，而可与其他的热带鱼混养。泰国斗鱼具有辅助呼吸器官——褶鳃，当水中缺氧时，它可以游到水面吞咽空气，所以一般不会因缺氧而窒息死亡。泰国斗鱼对水质无特别要求，在弱酸、弱碱和中性水中都能很好生活，对水的硬度亦要求不苛刻，适宜水温 22 ~ 26 ℃。

7. 五彩神仙鱼

五彩神仙鱼又名奶子鱼。五彩神仙鱼的鱼体侧扁、圆盘状，体长可达 15 cm，背鳍、臀鳍基部均很长，背鳍从头后背部起直达尾鳍基部，臀鳍从腹鳍后部直达尾鳍基部，显得雍容华贵，故称为热带鱼皇后。鱼体全身为茶褐色，两侧有条蓝黑色的垂直条纹，在其头部、躯干部及背鳍、臀鳍、腹鳍上遍布红蓝色扭曲状条纹。这些条纹随光线强弱的变化而变化，所以有五彩神仙之美名。五彩神仙鱼喜清洁的软水，pH 值 6.2 ~ 6.8 为宜，适宜水温为 25 ~ 28 ℃，水体中最好植有阔叶水草，不宜群饲。

8. 金丝鱼

金丝鱼又名白云金丝鱼、红尾鱼、唐鱼。金丝鱼的鱼体呈长梭形，体长 3 ~ 4 cm，主体色为深咖啡色，一条金线从眼部一直贯穿到尾鳍，背鳍、腹鳍、臀鳍、尾鳍均呈腼红色，且附有金边。金丝鱼喜好在中上层的水中游动，游动时身体保持平直，游动迅速均匀。特别是在光线较暗时，金丝鱼在水中可以闪闪发光，十分引人注目。金丝鱼性情比较温和，可与其他小型鱼类混养。金丝鱼对水质要求不高，只需在 15 ℃ 的清洁水中即可良好生活。

9. 剑尾鱼

剑尾鱼又名剑鱼、青剑、红剑、鸳鸯剑等。剑尾鱼体侧扁，呈纺锤形，体长 6 ~ 10 cm，体色蓝绿，略带棕色，体侧还有条红线，剑尾呈橙黄色或红色、绿色，边缘为黑色，背鳍上有小红斑。剑尾鱼经过长期杂交和培育，已有上百个品种，如红剑尾鱼、帆鳍剑尾鱼、燕尾剑鱼、黄剑鱼、鸳鸯剑鱼等。剑尾鱼性情活泼，喜结伴嬉游，尾部一条长剑显得十分威武。可以和其他热带鱼混养。剑尾鱼对水质要求不高，体格强壮，耐寒能力很强，水温降到 10 ℃ 也不会死亡，16 ℃ 以上水温能很好地生活，水的 pH6 ~ 8 为宜。剑尾鱼是杂食性的，对饲料不挑剔。

10. 三间鼠鱼

三间鼠鱼又名皇冠泥鳅鱼。鱼体扁而丰满，呈圆筒形，野生体长可达 30 cm，在水族箱中养殖的鱼体长仅有 10 cm 左右；鱼体淡橘黄色，头部和躯干部有三条粗黑条纹，鳍呈鲜红色，尾鳍呈叉形。三间鼠鱼的头吻尖小，触须粗短，眼下有棘，在受惊时可弹出，可作为自卫器官。三间鼠鱼喜在缸的底部活动，胆子较小，可和体形相似的热带鱼混养。三间鼠鱼适应性强，容易饲养，对水质要求不高。饲养水温 20 ℃ 左右，喜中性偏弱酸的软水。箱中需多种水草供其隐蔽，但它会掘翻沙土，可用卵石等固定水草根部。三间鼠鱼为杂食性，吃动物性饵料，也吃水草上和水族箱壁上的青苔，有"清道夫"之称。

11. 黑玛俐鱼

黑玛俐又名黑摩利、黑玛丽。黑玛俐鱼体侧扁，呈梭形，全身包括眼睛和鱼鳍在内乌黑发亮，体长 5 ~ 6 cm。在黑玛俐的基础上经过长期的杂交和选育，尾鳍和胸、背鳍变异，又培育出了许多珍贵品种，如长尾黑玛俐、燕尾黑玛俐、琴尾黑玛俐等。

黑玛俐鱼对水质要求不高，适应性强，可以在 16 ℃ 以上水温中很好地生活，但对水质、水温变化比较敏感，短时间内水温变化不能相差 1 ℃ 以上。主食动物性饵料，也吃水草和青苔，除了喂鱼虫外，可补喂植物性饵料。黑玛俐性情温和，可以与部分热带鱼混养，如剑尾鱼。

12. 珍珠鱼

珍珠鱼又名珍珠马甲鱼。鱼体呈椭圆形，体长 10 cm，基色为银灰和红色，背部深而腹部浅，其臀鳍异常发达，有两条触须。珍珠鱼全身包括背鳍、臀鳍、尾鳍遍布银色珠点，犹如珍珠一般，故名珍珠鱼。珍珠鱼对水质要求不高，喜在弱酸和中性水环境中生活。珍珠鱼性情温和，可与其他品种的热带鱼混养。

13. 铅笔鱼

铅笔鱼又名红尾铅笔鱼。鱼体呈长梭形，体长可达 6.5 cm，背部呈褐色，腹部银白色，侧线下方有一黑色条纹从头部一直贯穿到尾柄，尾部下叶有一条红色不规则的斑点，其他各鳍均呈浅黄色不透明。铅笔鱼在水中静止不动时，像一支横放着的铅笔，故名铅笔鱼。铅笔鱼游动时，身体常呈45°上倾。铅笔鱼喜欢打斗，最好与中型温和性鱼混养，不宜与小型鱼混养。铅笔鱼喜弱酸性软水，最适水温 24 ~ 28 ℃。

14. 黄鳍鲳

黄鳍鲳又名银大眼鲳。黄鳍鲳体长 10 ~ 23 cm，菱形，侧扁，背鳍与臀鳍形状、大小相近，臀鳍前端后弯如手指状；黄鳍鲳体色银白，背鳍和尾部呈金黄色，头部有两条黑色横条纹贯通眼和鳃盖后缘。因祖先生活在沿海，喜弱碱性和含些盐分的水，最适宜水温 22 ~ 28 ℃。饲养时要常换新水，保持水的弱碱性，如长期不换水，水质变酸，黄鳍鲳便会衰弱生病，甚至死亡。当见到黄鳍鲳的体色灰暗，表明水质酸化，应及时换水，并适量加些盐。受惊后它体色也会变，呈灰黑，但干扰过后，原体色则会恢复。黄鳍鲳游泳活泼轻快，宜用大型水箱饲养；喜食动物性饵料及活饵料，同种间有时出现相斗，适合水草和沉木的水族箱，可以和同体型的鱼混养。

15. 银龙鱼

银龙鱼又名银带鱼。银龙鱼体侧扁，呈长带形，体长30 ~ 90 cm，鱼体银白色，鱼鳞大，有一对短须，体格强健。银龙鱼活动量大，鱼体大而壮观，能吞食小鱼，不宜与其他鱼类混养。银龙鱼对水质要求不高，但要宽大的水族箱，充氧，箱中一般不放砂石、不种水草。水酸碱度中性，饲养水温22 ~ 31 ℃。银龙是龙鱼的代表，此外还有金龙、红龙、青龙、黑龙等。

第二讲　喂养观赏鱼

一、观赏鱼饲养前的准备

观赏鱼作为一种新型的宠物已进入千家万户，深受人们的喜爱。那么饲养观赏鱼需要做哪些准备呢？

1. 时间准备

要确认您是否每天都有时间去看看您的鱼，通过观察和测试来知道您的鱼儿是否健康舒适，所以每天的检查喂食、日常管理很重要。

2. 饲养器具的准备

"工欲善其事，必先利其器'。在决定饲养观赏鱼之后，先要准备好必备的饲养器具。

（1）鱼缸

鱼缸是观赏鱼生长和活动的场所。如果你饲养热带鱼，鱼缸必须选用规格稍大的长方形玻璃鱼缸。

（2）网具

捞鱼网一般用金属丝做框架，根据网的大小和用途可制作成长柄、短柄、粗网眼和细网眼等多种规格。鱼网多选用轻巧柔滑的尼龙丝或布制作，网眼、布眼大小以捞鱼既方便又不伤鱼体为标准。

（3）吸水管

吸水管用于换水时吸出鱼缸底面的脏物，用软橡胶管和玻璃管连接而成，长度根据鱼缸的高度而定。

（4）温度表

温度表是用来测水温的，有沉型、浮型等多种款式。

（5）加温器

对鱼类一般用电力保温，多采用加热棒。加热棒的主要目的是控制水温，防止水温温差大从而影响到鱼的健康。

（6）恒温器

恒温器连接加温器，可以长期保持水温恒定。

（7）气泵

气泵供打气用，有多种规格。泵头又称为气石，气流通过它变成细小气泡，驱除鱼缸中的二氧化碳，增加水中的溶氧量。泵头也有多种型号，可根据鱼缸大小选择。

（8）pH 试纸或酸碱度测量器

pH 试纸或酸碱度测量器是用来测定水中酸碱度的，方便及时纠偏。

（9）照明

一般采用白炽灯或荧光灯照明，根据鱼缸大小和需要选用 8 ～ 40 W 的灯泡。

（10）过滤装置

过滤装置装在水族箱一角，并配有水泵。它用于从水底将水抽出后经活性炭等过滤后再回到水箱中，过滤出鱼缸中的污物，保持水质清洁，起到增加氧量又净化水质的双重作用。

（11）水族箱

饲养热带鱼多用玻璃水族箱。玻璃水族箱的形式众多，用的材料也各不相同。目前市场上有成套的水族箱出售，配置设备齐全，款式多样，基本能满足饲养所需。

📌 小贴士

保养水族箱需了解以下基本的知识：首先，水族箱要避免阳光的长期直射，放在通风和不潮湿的地方。光照是养鱼的必备条件，长期的阴暗会使水草不能进行光合作用而枯萎，关系到整个生态平衡。每天要为水生生物提供 8 ～ 10 小时的光照，不能过强也不能过弱。其次，检查水位高度，及时补充被蒸发掉的水，保持原来的水位；检查配置设备运作是否正常；检查水温，保持鱼所要求的适宜温度；检查鱼的

健康状况，主要是看鱼有没有患病症状。此外，每 1～2 周换水 1 次，只换20%～25%的水；清理过滤装置收集的废物，更换过滤器生态棉。

二、观赏鱼的选择

①您要了解一些观赏鱼的基本知识，如果自己没有经验，可以找有经验的朋友一起前往挑鱼或挑选有信誉的水族商店。

②不要挑选新到的鱼。

③要仔细挑选，同批鱼中，选个体较大，健壮活泼，体色鲜艳，能够正常进食的。

④看鱼表有无擦伤，若身上没有外伤、充血、异物，鱼鳍、鱼尾正常没有破损的皆可放心挑选。

三、观赏鱼的日常饲养

1. 养水

水是鱼的基本生活环境，养鱼重在养水，自然界有各种水源，水质各不相同。一般养鱼的水主要有井水、自来水、江水、湖水、溪水、泉水等，根据不同的水源，分别进行不同的蓄养处理。

井水是常用的观赏鱼饲养水，市场上可以买到，价格便宜。井水有浅井水和深井水之分。浅井水是地表、土壤地层的水；深井水是地层下的水，有的深至几百米。井水冬暖夏凉，水中矿物质丰富，适宜饲养鱼类，但井水中的含氧量低，矿物质多，浮游生物少，必须把抽上来的井水蓄养在宽大的水池中，经太阳暴晒，使水中的浮游生物生长，溶氧增加，然后把水温调节到所需温度，才可以养鱼。一般蓄养期为 2 ~ 3 天。

自来水是城市中养鱼的主要水源，水中的氯含量较高，氧的溶量极少，浮游生物在处理过程中也基本被杀死。所以自来水一般不能直接养鱼，必须经过蓄养。在宽大的水池中经太阳暴晒 3 ~ 7 天，冬季需 7 天以上，使水中的氯气挥发掉，浮游生物生长，溶氧增加方可用于养鱼。

江、湖中的浅表水是天然水源，水中浮游生物丰富，含氧量高，只要未被污染，可直接用来饲养鱼。但为了安全起见，一般应经过滤，预防水中的病原菌、寄生虫及虫卵。

泉水、溪水一般也可直接用来饲养鱼，水质比较干净，微生物也少，矿物质较多，但经蓄养后再用则更好。

📌 **小贴士**

养鱼的行家把养鱼的水分为硬水、软水两大类。硬水就是指自来水、深井水等。这类水中溶氧少，缺乏浮游生物，而矿物质含量较高。矿物质的量越多，水的硬度越高。硬度在 10 以上称硬水，或钙盐类在水中含量超过 65 mg/L 时为硬水。

软水是指江、湖浅表水，或经人工蓄养后的饲养水，这类水用眼睛可观察到稠、软、清，水色微绿，犹如一江春水。水的软硬度对鱼的成长影响不大，但对色泽和繁殖有密切的影响。市面有各种各样的硬度调配剂（如软水树脂，使水软化），可根据不同鱼类的生理需要进行调配。

热带鱼用水除了前面所讲要求养好的"清水"外，对水质要求比较高的鱼一般需要再过滤一次。过滤一般有以下两种方法。

①沙滤水：把养好的"清水"通过活性炭或树脂离子渗透过滤，这种水质更为透明，大多数热带鱼都可以使用。少数的珍稀热带鱼对水质要求更高，如七彩神仙鱼等，可以把"清水"过滤2～3次，获得更清洁、透明的水。

②蒸馏水：蒸馏水过去都是由蒸汽冷却获得，养热带鱼用的蒸馏水还可以通过电渗析和电解法获得，原理是通过电极将水中杂质吸附掉。通过这个方法使水中的钙、镁等金属离子被吸附，使水质更软，称为高纯度水质，然后再充氧，主要用于需软水的热带鱼繁殖时。这种水可以根据需要加入原饲养水中。

养好水后要将水的温度升至适合养鱼的温度，一般在22～28℃，其中热带鱼的水温为18～32℃。由于您缸里的物理过滤刚建立起来，可以挑选几条健康的鱼去"闯缸"，即把2~4条既便宜又强壮、易养的鱼放养在新设的水族箱中，同时可以加入适量的商品硝化细菌，帮助您的鱼缸建立起完整的生态过滤。每天喂两次，每次喂的食物须在1～2分钟内吃完。假如水质在第二天变浑浊，适当换点水，然后适当减少喂食。第4天，假如水质变得清澈无比，那么水就快养好啦！这时要继续测试一下微生物过滤系统的应变能力，只要把喂食量增加一倍即可。等待3天，期间稍有浑浊要仔细观察，只要没有腥臭味散发出来就不必换水。第7天，假如水质仍然清澈无比，这时可以把比较娇贵的鱼请进鱼缸了。

2. 水色和换水

水在饲养鱼类以后，水质会发生变化。通常经过蓄养的水，无味、无色、透明清亮，水中浮游生物丰富，溶氧充足，称作清水。清水有益于鱼类的新陈代谢，生活在清水中的鱼食欲旺盛，生长迅速。但清水对鱼皮肤黏液的刺激较大，容易使鱼体色素减退，变得暗淡，所以饲养鱼应尽可能使用绿水。绿水是指水中藻类、浮游生物丰富的一种清水，用这种水养鱼，藻和浮游生物可供鱼食，水质可使鱼皮肤滋润，鳞色鲜艳、富有光泽。除了夏天高温季节，其他时候一般应尽量多使用绿水，特别是针对金鱼和锦鲤等鱼的饲养。如果绿水不断发展成为深绿水，又称老绿水，此时就应换清水了。因为老绿水影响人们对鱼的观赏，加上藻类过多，大量藻尸腐败，在晚上过多消耗氧气，对鱼的健康反而不利。但在冬季可以使用老绿水，具有保暖作用，它也可以用作金鱼、锦鲤的越冬用水。

一般在室内饲养观赏鱼，由于光线较弱，出现老绿水的机会较少，换水时可每天抽去一些底层污水，添一点蓄养好的清水，一般不采取全缸换水，也能把水保持在清而嫩绿的水平。

由于人工饲养的鱼生活环境较小，鱼体粪尿、水生生物繁殖及食饵的腐败，容易使水酸化或碱化，也会使水很快缺氧，这时必须进行换水。换水时必须注意温差。对于需保温的观赏鱼，换水温差不可超过 1 ℃。

3. 氧气

鱼类需要氧气，氧气通过两个途径溶于水中。一是空气中的氧与水的表面接触时，溶于水中，一般在静止的情况下，这种溶解很缓慢，而且只发生在水的表层；二是通过水中的植物，如藻类、水草在光合作用时产生氧气，并溶于水中，后者是水溶氧的重要来源。

江水、湖水等天然水中的溶氧量较高，可达 8 ~ 12 mg/L，但在人工饲养条件下，光照受到一定的限制，饲养密度又相对高，需要装置气泵以充气增加溶氧量。特别是在温度较高时，鱼的新陈代谢加快，需氧量增加，而溶于水中的氧却越来越少，故水温 20 ℃以上时，水充氧就显得十分重要。一般水中的溶氧量低至 0.5 ~ 2 mg/L 时，金鱼就会浮到水面，俗称"浮头""叫水"，时间一长就会死亡。而热带鱼类中有的娇贵品种，水中溶氧量低于 3 mg/L 就会浮到水面，时间长了也会死亡。在养鱼过程中，如发生此类紧急情况，使用井水的，可以加入热水调温，并充气增氧；使用自来水的，可在每立方米自来水中加入 3 g 硫代硫酸钠，并充气增氧；使用蒸馏水的，可调整温度后充氧。

4. 水温

鱼类没有恒定的体温，随水温的变化而变化。各种鱼的适应温度也不相同，金鱼可以在 1 ~ 39 ℃水温中生存，但超过这两个极点，会很快死亡；有的热带鱼种在水温低于 15 ℃就会死亡，有的鱼种可以忍受 52 ℃的高温。一般控制温度的原则是略低于适宜鱼类繁殖的温度。这样一方面可以节约能源和支出，另一方面对鱼体也没有坏处。有时高温反而加快鱼的新陈代谢，缩短其寿命。另外，鱼的呼吸和水温成正比，每升高10 ℃水温，鱼的呼吸就要增加两倍，容易引起水中缺氧。

刚买回来的鱼应把运输袋浸没在准备养鱼的池或箱中，使袋内水温和水池、水族箱等容器中的水温逐渐达到一致后，再把鱼连运输袋中的水一起慢慢倒入容器中。

5. 光照

光照是鱼类生存的重要条件，一般和温度有密切的关系，光照越强，温度越高。水中的绿色植物有光才能进行光合作用，制造食物，而鱼类则直接或间接以植物为生。光照能刺激脑下垂体产生各种激素，对鱼类的繁殖、生长、发育、行为等有直接影响。光谱中可见光的不同部分及紫外线、红外线对鱼具有不同作用。鱼的昼夜节律、活动和休眠直接受光照和温度的影响，长期缺少光照的鱼（适应海底生活或夜行鱼类除外）会精神萎靡，感觉迟钝，食欲不振，内分泌紊乱，色泽暗淡，生长缓慢甚至停止生长；但过强的光照刺激对鱼类也不利。此外，光照对水质转化和水草生长都有重要意义。一般在室内缺乏光照的水族箱上可用灯光补充，如安装紫外灯每日照射数小时，既可以补充日光的不足，也可以起到杀菌的作用。在光照较好的水池、水族箱中，藻类生长旺盛，池壁、箱壁上容易长青苔。一般水池中青苔并不影响光照，而水族箱壁长了青苔就会影响光照，也影响观赏视线，故应每天进行清洁。可以用柔软纱布或专用刷具把黏附在水族箱壁上的青苔擦去，并把水面浮尘捞去，使水族箱保持清洁。

6. 饲喂

定时定量饲喂是养好观赏鱼的基本原则，会使观赏鱼生活有规律，同时不易得病。如果饲养者需获得较大的种鱼，就要采用超量饲喂的方法。定时定量饲喂一般要求每天喂食两次，第一次在清晨，第二次在 14 点左右。每次喂食的量限制在投放饲料后，鱼在 1～2 小时内吃完，如果吃不完就说明量多了，下次喂食时要减量。这个方法的优点是使水保持清洁，不会因为剩余的饵料变质而使水质变差，也基本满足了鱼类生存的需要。但对繁殖前期的鱼和幼鱼则应增加饲喂次数，如果增喂一次，宜在上午 10 点左右；如果增喂两次，一次宜在上午 10 点左右，另一次宜在傍晚。刚经过长途运输的鱼不要急于喂食，可等 1～2 天待其排便后，再少量投喂饵料，逐日增加到正常食量。

（1）饵料的选择

①清洁卫生，不能携带任何病原虫、寄生虫、病毒、杂菌、毒素，长期食用能保证鱼安全、健康。

②形状、大小要适宜，投入水中在一天之内，能保持原有的形状及营养成分不被破坏、不流失，不腐败变质，不污染水质。

③配方科学合理，营养丰富均衡，易消化吸收，能满足鱼生长发育对各种营养素的需求。

④嗜口性好，香软适口，各种鱼都爱吃。

⑤使用时应省心省力，最好买来后不需再经过任何加工就可喂鱼。能长期保存，不腐不坏。

（2）饵料的种类

①鲜活饵料：包括红虫、血虫、轮虫、草履虫、面包虫、小河虾、蚕蛹等。鲜活饵料营养价值很高，也比较符合鱼类自然摄食的生活方式，适口性好，各种观赏鱼都非常爱吃；但其不易长时间保存，并且容易夹带寄生虫和细菌，喂食时必须特别注意。

②人工饵料：包括冷冻饵料和干燥饵料，也就是把鲜活饵料处理后再冷冻或干燥保存，相对更安全和容易保存。

③合成饵料：富含多种营养成分，经济又省力，也不带有寄生虫，易于控制投饲量，是目前较为推荐的饵料。合成饵料有颗粒型、薄片型，甚至还有为某种特定的鱼种特别设计口味的营养饵料。

7. 观赏鱼缸的水草、砂石和摆设

在水族箱中，种植水草，设置砂石和摆设，可以美化水族箱，增强观赏效果。水草、砂石和摆设不仅起观赏作用，还对鱼类生态环境起重要作用，对鱼类生活有直接意义。例如，水草能吸收水中的氮素，补给水中氧气，黏结鱼卵；砂石可被鱼吞食，帮助消化，并补充微量元素，又能固定水草，藏在砂石下的菌类可以把鱼粪或剩饵转化为肥料让水草吸收；各种小摆设也可供鱼躲藏栖息。

水草多产在热带、亚热带和温带水域，常见的水草可以分为四类，约百种。

沉水类：根生在水底、叶生在水中。

浮水类：根生在水中、叶浮在水面。

挺水类：根生在水底，叶伸出水面。

漂浮类：根生不固定，漂浮在水面上。

栽种水草要注意挑选壮苗。如果水草从沼、湖等自然环境中采取，应洗净并用稀释的高锰酸钾溶液进行消毒。种植要在放鱼之前，等水草充分生根后再放鱼，也可栽种在其他小盆中，待长好后，连盆移到水族箱中。对有些要食草的鱼，可用隔网在鱼缸中把鱼和水草分隔开。水族箱底部一般要铺一层砂石，砂石是有益细菌的生活场所，可将污物转化为水草的肥料，还可以把有害气体吸附在砂石表面，使水澄清美观，又可促进水草生根发芽。

水草栽种和砂石、摆设的配量，还应和所养的鱼类搭配。例如，身体透明的鱼类需深色植物和砂石或摆设衬托，它们的晶莹体态就更突出；体型小巧、活泼的鱼类应配以叶小、植株小巧的水草；体型大的鱼类则应配以叶片宽阔的水草；体型方圆的鱼类配以狭长条状的水草。

第三讲　观赏鱼常见疾病与预防

一、诱发鱼儿发病的原因

引起观赏鱼疾病的主要因素与饲养的水质、饵料和管理等因素密切相关。

1. 水质

水是鱼生活的最基本条件，如水的硬度、酸碱度、溶氧量、二氧化碳含量、浮游生物、水色以及水温等都与鱼的生活关系非常密切。观赏鱼对水质的物理、化学性质变化要求都有一定限度范围，一旦出现不宜于鱼正常生活的水质环境，鱼就会出现停食、窒息，甚至死亡等情况。

2. 饵料

饵料是鱼生活的食物来源，为其生存的基本保障。饵料的种类、适口性、营养的全面性、安全性（如饵料变质），以及饵料的投放量都可直接影响鱼的健康成长或生存环境。

3. 管理

水族箱的安放位置、卫生打理、放养密度、换水、投饵等日常饲养管理工作，是保证观赏鱼饲养成功，减少意外损伤和疾病发生的重要环节。当捕鱼、换水等人工操作不慎造成鱼体部分受伤或鳞片脱落时，也会使其产生疾病。

另外，使用的水草、饵料和工具未经消毒，新买的鱼未经处理，直接放入鱼群混养带入病原体，也会引起疾病发生。

二、预防鱼儿发病的方法

1. 做到鱼缸、工具及鱼体的消毒

用具在使用之前都应进行消毒，用 3% 食盐水或 10 mg/L 高锰酸钾水泡数十小时。在夏、秋易发病的季节，尤其要经常对鱼缸与工具消毒。当新买的鱼放入鱼群或换水时，也要对鱼体

进行消毒，以防水毒病、小瓜虫病及车轮虫病。用3%的食盐水或0.03%的高锰酸钾溶液，2～3 mg/L的呋喃西林溶液，将鱼浸泡5～10分钟，当鱼儿出现急游蹦跳等现象，即把鱼捞出放回鱼缸或鱼池。

2. 要保证饵料的质量

饵料质量的好坏，影响到鱼的生长发育和体色。投放的饵料应新鲜清洁。如果饵料存放时间过长或出现发霉情况就不能继续投喂。投喂活饵料时，应检查活饵料的来源和健康状况，是否携带病原体。投喂应做到定时定量，绝对不能随意投喂，应根据家庭中饲养的鱼体大小、生长季节性气候等状况，确定投喂量及投喂时间，防止过量投喂引起消化不良或投喂较少引起营养不良的现象出现。

3. 日常管理注意避免鱼体受伤

平时换水、捞鱼等操作要仔细，避免碰伤鱼引起感染，用捞网捞鱼，要准确下网。捞网离水时，即用手遮盖网，以防鱼跳跃；换水时，要避免水冲击鱼体；人工挤鱼卵时，动作要轻柔，挤卵后，对鱼体要及时消毒。

三、观赏鱼的常见疾病

● 传染病：病毒性出血病、细菌性肠炎病、细菌性烂鳃病、松磷病、肤霉病等。

● 寄生虫病：小瓜虫病、车轮虫病、指环虫病、黏孢子虫病、斜管虫病、锚头蚤病、鱼虱病等。

• 其他疾病：缺氧、水泡眼金鱼的水泡充气病等。

四、保护生态，科学放生

放生，简单地说就是把动物放回大自然。人们出于行善、积德的本意，往往乐于加入放生的队伍中，殊不知若做不到科学、文明放生，这种行为对本地生态将带来巨大的危害和压力。

人工饲养的鱼类，如金鱼，其实很难适应自然环境，放生后反而容易死亡。有的物种竞争力强，放生后排挤本地生态系统中与其占据同等生态位的物种，造成生物入侵。即使是本地物种如黑鱼、鲇鱼，因其食性广、取食能力强，大量放生后也会打乱本地食物链的平衡。因此，对于家庭饲养的鱼类，绝对不可以随意放生。